了凡家训

[明] 袁了凡 著

费勇 编著

云南人民出版社

果麦文化 出品

序 言

　　很多人，包括我自己都误以为《了凡四训》是一本家训。实际上，《了凡四训》里"立命""改过""积善""谦德"四篇环环相扣的文章，是袁了凡单独发布的，只是在他去世后有人发现这四篇文章的内在逻辑，即讲清楚了如何立命，才把它们放在一起作为一本小书出版，最终成为一本影响巨大的"改命书"。

　　那么，袁了凡有没有写过家训呢？确实写过一本，叫《训儿俗说》，是给他的儿子袁天启（后改名袁俨）的，在他成人之际，父亲要写一本"家训"给他，希望他能够把家族好好地传承下去。这本家训有八篇，分别是"立志""敦伦""事师""处众""修业""崇礼""报本""治家"，每一篇都短小精悍。开篇就是"立志"，说明立志是人生的根本，离开了立志，人生就啥也不是;"敦伦"讲的是基本的人伦;"事师"表面看讲的是尊师，实际讲的是如何学习;"处众"讲的是如何处理具体的人际关系;"修业"讲的是如何成就事业;"崇礼"讲的是各种礼仪，从如何看到如何吃饭，甚至如何上厕所;"报本"讲的是感恩和追溯生命本源;最后是"治家"，讲家庭的经营。

这是一本非常简洁的身心健康手册，八堂浓缩版的中国式人生课。其中的核心理念和《了凡四训》是一脉相承的：重视修心养性，无论做什么都不能背离根本的道。相比《颜氏家训》和《曾国藩家训》，袁了凡的家训特色在于把人生的问题聚焦在八个关键点上，不只是经验或知识的传授，还有具体的做法，以及点到为止的心法。袁了凡明显受到王阳明心学的影响，王阳明也有家训，是一五一八年十二月写给儿子的一首三字诗，也叫《示宪儿》：

　　幼儿曹，听教诲：勤读书，要孝弟;学谦恭，循礼义；节饮食，戒游戏；毋说谎，毋贪利；毋任情，毋斗气；毋责人，但自治。能下人，是有志；能容人，是大器。凡做人，在心地；心地好，是良士；心地恶，是凶类。譬树果，心是蒂；蒂若坏，果必坠。吾教汝，全在是。汝谛听，勿轻弃。

从某种意义上说，《训儿俗说》是《示宪儿》的具体化。袁了凡曾经拜王畿（龙溪先生）为师，而龙溪先生是王阳明的弟子。袁了凡之所以能够拜龙溪先生为师，是因为他父亲袁仁和龙溪先生是好友。

袁仁（1479—1546）和原配夫人王氏有两个儿子，叫袁衷、袁襄。王氏去世后，袁仁娶了李氏，生育了三个儿子，叫袁裳、袁黄、袁衮。袁黄就是袁了凡，一五三三年出生。袁仁是一名医生，在地方上很有名望，在学问方面也有很高的造诣，交往的人中有王阳明、王艮、唐伯虎、文徵明、沈周等。他在子女教育上也很有一套。后来他的几个儿子把他的言行记录下来，叫作《庭帏杂录》，相当于一本家训。从中可以看出袁仁的智慧，他对宋代儒学和王阳明心学的点评可谓一针见血。尤其是他作为父亲和子女的相处，即使以现代标准衡量，也堪称"模范父亲"。当然，袁了凡的母亲也充满智慧。

在本书附录里，节选了《庭帏杂录》最重要的部分。从《庭帏杂录》到《训儿俗说》《了凡四训》，这三个文本结合在一起，就特别能体现家庭教育的重要。袁了凡的改名，不是突如其来的好运，而是各种因缘和合，以及从上一代就开始努力的结果。袁了凡一家，对因果法则和善良的信仰，凡事回归心性的思维方式，凡事以身作则的行为风范，父子兄弟之间相互探讨学问的氛围，实在是家族传承的根基，也是家族代代相传平安顺遂的保证。

目 录

001	**第一部分 《训儿俗说》译文和点评**
003	一、为什么要先立志?立什么志?
019	二、为什么要终生信守五伦?
031	三、为什么要尊重老师?
038	四、如何与他人相处?
050	五、如何成就事业?
061	六、为什么礼貌不只是形式?
075	七、为什么要重视祭祀?
085	八、如何做到家和万事兴?

093	**第二部分 《训儿俗说》原文**
095	立志第一
099	敦伦第二
104	事师第三
106	处众第四
111	修业第五
115	崇礼第六
122	报本第七
124	治家第八
127	**附录：庭帏杂录（节选）**

第一部分

《训儿俗说》译文和点评

一、为什么要先立志？立什么志？

【译文】

立志第一

你现在十四岁，明年就十五了，正是立志求学的年纪。你要立志成为"大人"。"大人"之学"在于彰显本自具足、光明的德性，并将这种德性推广惠及万民，最终达到最完善的境界"。这不仅是我们儒家学问的正统传承，更是自古以来圣贤治学的根本准则。只因后世儒生的错误解说，才使得这些根本准则变得模糊不清，正学之道被埋没。我在求学过程中，最初受教于龙溪先生，才略知门径；后来又钻研七年，稍稍领悟其中道理。现在我把这些要义给你点明说透。

"明德"不是别的，就是人心中那个虚灵不昧的本体。这个心体在圣人身上不会增加，在凡人身上也不会减少；你想扩展它，它不会变大；你想限制它，它也不会变小。自人类从天地间诞生以来，它不曾产生过，也不曾消失；既不曾被污染，也不曾被净化；既不曾开启，也不曾被遮蔽。所以说它是"明德"。这个心体不会被人的气质禀赋所局限，也不会被物质欲望所蒙蔽，是万古以来永远光明的存在。

你现在还是个孩子，可能觉得自己离圣人很遥远。但其实你心里能分辨是非的那个地方，就是你的"明德"。只要不蒙蔽这个本心，就是在"明明德"。针眼那么小的空间，和整个宇宙的虚空没有差别。我们普通人一念之间的明觉，和圣人完全的智慧在本质上也没什么区别。如果你把圣人想象成清净光明的样子，把自己和普通人看作昏暗污浊的，这就执于表象了。现在你立志求道，若不认识这个本体，反而在心上再生出个心来，向外寻求真理，执于表象用功，只会越求越远。这个德性本来就是光明的，你只需让它自然显现，不用添加一丝一毫，无修而修，无证而证，这就是"明明德"。

然而"明德"并非个人私事，而是与天下万民在共处中达到的一种境界，所以还要体现在"亲民"上。把万物看作一个整体就是亲，视国为家就是亲。看到百姓来到面前，待他如同自己的孩子，即所谓"如保赤子"。这才是亲民的真正境界。你现在还没做官，没有百姓需要管理，但只要与人接触，就要视对方如至亲骨肉才算亲民，敬重对方如父母才算亲民。若有心存不善的人，要生起怜悯之心，能教导的就多方开导，不能教导的就引咎自责来感化他。即便未必真能有益他人，但立志就当如此。

然而，"明德""亲民"不能马虎敷衍，所以还要追求"止于至善"。就像人在外行走，不迈步就不能到家，但若只是执着于行走，就永远进不了门。又比如，人要渡河，不上船就过不去，但若只是乘船而不懂舍舟，又何时才能到达彼岸？同样，现在你立志求道，不学习就不能入道，但若只顾埋头学习，又怎能真正得道？所以，既然知道要学，还要懂得"止"。"止"就是不做刻意追求的意思。道理本来就是现成的，哪需要刻意造作？哪需要人为修造？只要能够顺其自然，便终究圆满。《易经》说："遵循天道就是善。"善是本性中的道理，至善则是最高最彻底的道理。就像人走路，如果到了尽头，就无处可去，自然就会停下来。所以，不达至善，有什么理由真正停止？至善而不知停止，又怎么知道是至善？

这个"明德"原本就光明朗照，如同虚空一般清净。只要一产生念头、动用心思，就偏离了这个本然之体。我亲近万民、广施功德，这些是本自具足的，不需刻意修习添加。遇到机缘就自然施行，机缘消失就停下来。如果不能坚定地相信这就是道，反而想要刻意造作、追求功用，那都如同在梦中妄作胡为。

"明德""亲民""止至善"这三者其实是一回事。当我彰显光明德性时，就不会只满足于自己一个人的修养，而是要把光明的德性扩充到全天下。古代圣贤之所以伟大，正是因为他们对百姓万物怀有悲悯之心，而这种悲悯恰恰证明了明德的存在。所以，当一个人真正达到至诚尽性的境界时，他的德性就已经包含了天地万物。在实践明德和亲民时，不能执着于外在形式刻意追求，而要达到一种不刻意追求、不执着形式的境界。因此首先要懂得"止"的道理，明白这个"止"的含义，然后依此修行。这样的修行，本质上是不修之修；而依止而修，就是以不修为修。以不修为修，是本性的自然展现；修即无修，是修行与本性合一的境界。圣人之学大致可分为"性"与"教"两种途径：保持本心不迷失，遇事自然明白，不需刻意思考就能领悟，不需勉强就能合乎中道，这是"性"的途径；先明白善的道理，然后实实在在地践行，这是"教"的途径。现在有些人要么把修行看作刻意的作为，追求千修万炼、勤苦求成，这是执着于"教"；要么认为本体是现成的，放任自流就是最高境界，这是执着于"性"。这两种都偏离了中道。正确的做法是先认识本性，然后依本性来实践教化，这样才能不偏不倚。

【点评】

一讲到立志,很多人会觉得是陈腔滥调,马上想起小时候写作文"我的理想",全是要当科学家、飞行员、人民教师之类,都是为了迎合老师,迎合社会主流价值观。这当然偏离了"立志"的本义,汉字的"志",意思是发自内心的愿望。发自内心,这是立志的一个前提。

袁了凡告诫他儿子:你今年已经十四岁了,明年就是十五岁了,应该立志了。为什么要立志呢?立志是为自己的人生确立一个目标。据说,哈佛大学做了一项长达25年的实验,主题是"关于目标对人生的影响"。实验者选定一群智力、成长环境、学历很接近的年轻人进行了测试,发现这群人里有27%完全没有目标,60%目标模糊不清,10%有清晰但比较短期的目标,3%有清晰且长期的目标。经过25年的跟踪,发现完全没有目标的人大多数处于社会底层;

目标模糊不清的人大多数处于社会中下层；有清晰但比较短期的目标的人大多数处于社会中上层；有清晰而且长期目标的人大多数成为精英。

这个实验反映的是一个常识：有目标的人比没有目标的人更容易有所成就。管理学大师彼得·德鲁克在其名著《管理的实践》中提出"目标管理"的概念，主张"目标管理和自我控制"，他认为，并不是有了工作才有目标，而是相反，有了目标才能确定每个人的工作，因而"企业的使命和任务，必须转化为目标"。瑞·达利欧在《原则》中说，个人进化过程通过五个不同的步骤发生。如果能把这五件事做好，你几乎肯定可以成功：

1. 有明确的目标；

2. 找到阻碍你实现这些目标的问题，并且不容忍问题；

3. 准确诊断问题，找到问题的根源；

4. 规划可以解决问题的方案；

5.做一切必要的事来践行这些方案,实现成果。

目标显示了一种意欲,如果你没有意欲,那怎么可能做成事情?所以我们教育孩子,首先是要激发他内心的愿望。所谓立志第一,并非强加一个目标给孩子,而是激发孩子找到自己内心的目标,一旦他自己想要了,就会自觉地去学习。

立志,就是要有清晰且长期的目标。对此袁了凡的看法是,要立"大人"之志。这里的大人,不是大人小孩的"大人"。汉语里"大人"一词最早出现在《诗经·小雅·斯干》中的"大人占之",指的是太卜,即执掌占卜的官员。《易经》里乾卦爻辞:"九二,见龙在田,利见大人。"指的是有智慧的人。孟子说到什么是"大人"时——"先立乎其大者,则其小者弗能夺也,此为大人而已矣"。想要成为"大人",先要有宏大的胸襟和格局,以及宏大的志向。有了宏大的志向,就不会受到那些烦琐细小的事情影响。王阳明则说:"大人者,以天地万物为一体者也,其视天下犹一家，中国犹一人也。若夫间形骸而分尔我者，小人矣。"所谓"大人"，就是胸怀天下的人，假如此外还有其他作为标准有各种分别心，就是小人。

简单地说，所谓"大人"就是一种完美的人格。"大人"之志，就是要自己成就一种完美的人格，也就是要"成圣"。怎么样才能成为"大人"呢？袁了凡直接引用了《大学》里的一段话："在明明德，在亲民，在止于至善。"这是《大学》里的"大学之道"。在"亲民"，有两个不同的解释：一个是把"亲"解释为"新"，意思是革新人民的不良习俗。另一个是解释为亲近、仁爱、爱民，同时又教化民众。不管哪一种解释，大致的理路是相同的，要成就圣人的人格，第一是要弘扬明亮的德性，第二是要扩展到民众，第三是要达到最完善的境界。

这个理路，孟子可能讲得更为清晰：

> 可欲之谓善，有诸己之谓信，充实之谓美，

> 充实而有光辉之谓大，大而化之之谓圣，圣而不可知之之谓神。

孟子讲了人的六个精神境界，也可以说自我完善的六个环节。第一境界"可欲之谓善"，大意是我想要向善，这就是善了。也有解释说，可欲是可爱，是别人觉得你可爱，就是善。第二境界"有诸己之谓信"，大意是凡是向善的愿望，都一一落实到自己身上，这叫信。第三境界"充实之谓美"，就是落实到自己身上之后，不断发自内心地去充实、提高，这叫美。第四境界是"充实而有光辉之谓大"，自己充实了、提高了，还去影响到别人，自己发光了，还去照亮别人，这就叫大。第五境界是"大而化之之谓圣"，不仅大，而且能够大而化之，就是圣，就是可以变化无穷，可以改变世界。第六境界是"圣而不可知之之谓神"，就是和天地合一，按照天道运行，达到神的境界。

这个意思后来被儒家简单地归纳为"内圣外王"。"内圣外王"原本是《庄子·天下》篇里的概念,"内圣"是人格上的理想,"外王"是政治上的理想。儒家借用这个概念,把它作为做人的最高标准,所谓"内圣",用现在的话来说就是要做最好的自己,"外王"就是要用这个最好的自己去影响别人,从而推行王道。如何"内圣外王"呢?《大学》中的八个条目是基本的路径:格物、致知、诚意、正心、修身、齐家、治国、平天下。前面五个是"内圣",后面三个是"外王"。

袁了凡讲的要立"大人之志",用儒家的套话无非是要立志成圣,即成为一个圣人,成为一个内圣外王的人。这对一个有追求的人来说,确实是一辈子的目标。更重要的是,这个目标高于任何世俗的目标,是一个大的目标,抓住了这个大的目标,你的人生就像有了一个最根本的引擎,或者说有了根源。只要不断努力,就能生机勃勃,茁壮成长。

为什么立志要立圣人之志？王阳明讲得十分清楚："立志之说，已近烦渎，然为知己言，竟亦不能舍是也。志于道德者，功名不足以累其心；志于功名者，富贵不足以累其心。但近世所谓道德者，功名而已；所谓功名，富贵而已。'仁人者，正其谊，不谋其利，明其道，不计其功。'一有谋计之心，则虽正谊明道，亦功利耳。"其实就是我们现在喜欢说的"降维打击"。一个心怀慈悲的人，抱着利他心的信仰去从事商业，虽然也要遵循商业逻辑，但是，他所产生的能量会超越商业。同样是追求100万元的利润，一个单纯的商人会把100万作为目标，而具有利他信仰的商人会把100万作为一个实现利他目标的手段。前者很容易成为100万的奴隶，而后者一定不会执着于100万这个数字，他有更广阔的视野。

假如袁了凡讲立志，只讲"立大人之志"，然后强调要懂得仁义礼智、克己复礼之类，那不过是儒家做人理念的重复。袁了凡说自己在学习做人的过程中，最初得到龙溪先生的教诲，才知道一些头绪，后来又参悟探求了七年之久，总算有所省悟。省悟了立志最根本的在于"明明德"，明明德一般的解释是弘扬内心明亮的德性。袁了凡进一步把"明德"理解为心体，即心的本体。不管什么人，都有这个"心的本体"，在圣人那里不会增加一分，在凡夫那里不会减少一分。只要你回到了这个心的本体就自然能明辨是非，知道什么该做什么不该做。所以他告诫儿子立志求道，一定要先识这个心之本体，不需要刻意用功去求什么，而是让这个心体的自性光明展现出来就可以了，这就是不修而修。

什么叫不修而修呢？性、教并重。从性的层面而言，你本来就具有心的本体，或者说，你本来就有符合天理的本性，只要做回自己就可以了，不需要造作，不需要想来想去，也不需要刻意修行，自然而然就能做到。从教的层面而言，虽然你本来就有心的本体，但是因为各种欲望泛滥，这个心的本体被遮蔽了，所以仍然要透过一定的修行才能回到那个本体。简单地说就是当你立大人之志时，虽然有各种学习和修炼的方法，但一定要先有一个意识，就是你有一个心的本体，真正的目的是回到这个心的本体。这样你才不会迷失。换一种说法，立志首先要解决的并非成为什么人、做什么事、用什么方法，而是回到心的本体，一旦你回到心的本体，再来开展你的人生，相当于从根源上开始，也相当于从制高点开始。

袁了凡这个思路，非常具有启发性。沿着这个思路我们在帮助孩子立志时，至少有五个层面可以把握：第一，帮助孩子学会制定目标，懂得以"目标管理"来实现自己的追求；第二，帮助孩子发掘自己的兴趣爱好；第三，帮助孩子找到一生的热爱；第四，帮助孩子懂得做人的重要性，人的品德才是最宝贵的财富；第五，帮助孩子理解"心体"的重要性，如果袁了凡讲的心体不太容易理解，那不妨先把它看作"情绪管理"，这是我们在孩子的立志教育中特别缺乏的，我们往往强调了外在目标的重要，却忽略了立志、"确立心智"。如果一个孩子很小的时候，就能学习管理好自己的情绪，懂得回到内心，那他已经站在立志的最高层面。用巴菲特的话来总结：静下来，就已经赢了。

二、为什么要终生信守五伦？

【译文】

敦伦第二

《中庸》认为五伦（君臣、父子、夫妻、兄弟、朋友）是通行天下古今的基本人伦关系，是人一生都离不开的。明白这个道理就是大学问，践行这个道理就是大智慧。在五伦之中，夫妻关系是最基础的。《易经》以"乾""坤"两卦开篇，《诗经》以《关雎》为首，说明王道教化的根本，其实始于夫妻之道。道不需要刻意修习，只要不被污染就好。夫妻之间容易放纵情欲，若能节制而不放纵，就离"道"不远了。夫妻相处的关键是要有分寸。因此，最要紧的是禁止邪淫，这既能培养品德，也能积累福报，所以邪淫，务必要戒除。

有了夫妻关系才会有父子关系，所以孝敬父母是孩子最要紧的事。你自幼天性纯良，很有孝心，但还要把这份孝心提升到"道"的高度。如果没有这个志向，所学各异，即使是纯粹的孝顺，那终究只是基于血缘的父子之情。现在你应该把父母当作威严的君主来侍奉，培养真诚的敬意，不让丝毫怠慢之心流露；让父母顺心快乐，培养真挚的爱心，保持和悦可亲的态度。始终保持这样的敬爱之心，就等于时刻不离礼乐修养，这才是真正达到"中和"境界的实践。用这样的态度侍奉君主就是忠臣，用这样的态度对待长辈就是恭敬的晚辈。无论何时何地都不忘敬爱之心，就能处处感通天地，甚至通达神明。

从前杨慈湖（杨简）在陆象山门下求学时，一直没能领悟真谛，后来回家侍奉父亲。有一天父亲叫他的名字，他突然大彻大悟，写信给陆象山说："父亲一叫我就赶紧上前，不知不觉就进入了深奥的境界。"这说明在侍奉父母的过程中，同样可以领悟人生真谛。所以，即便是打扫卫生、应答问话这样的日常小事，也能让人达到精微玄妙的境界，这都是实实在在的修行。

有了父子关系，自然就有兄弟关系。虽然我只生了你一个孩子，本来没有兄弟。但是同族的亲人中，同辈年长的就是兄长，年幼的就是弟弟，都是同一个祖宗的血脉。就像天祐、天与这两个孩子，我既然收养了他们，就是你的亲兄弟。从前浦江郑氏家族，最初只是堂兄弟关系。因为其中一人遭遇生死危机，另一人全力相救才得以脱险，从此两家不忍心分开居住。正是这种患难中产生的真情，让他们同灶吃饭几百年，历代朝廷都表彰这个家族，是天下第一模范家庭。前辈们都说，他们家的福气比王侯还要深厚。

我们家族人口不多，自从我辞官回乡，定居在此地后，族人们都陆续搬来住在周围。现在我打算每年各个节日都召集族人聚会，除了正月初一外，还有正月十五元宵节、三月清明节、五月端午节、六月六日天贶节、七月七日七夕节、八月中秋节、九月重阳节、十月初一寒衣节、十一月冬至节。住得远的族人也会派人去请，来不来随他们自愿。这个聚会不是为了吃喝，而是有两个目的：第一，防止族人之间产生隔阂，感情疏远；第二，可以互相分享好事，规劝过错，就算平日有些闲言碎语，也能借着聚会的机会慢慢化解，让大家在饮酒谈笑间冰释前嫌。你要认真照办，不要懈怠。

五服制度是古代圣王根据人情制定的。一般来说，为伯叔等亲属服丧的礼节都不能废除，这样才能成为知礼守义的家庭。兄弟之间产生嫌隙，往往都是因为听信了妻子的话。作为大丈夫，起初都不会听信这些挑拨，但久而久之，就像羽毛多了也能压沉船一样，不是特别明智的人很难察觉。你一定要警惕这种情况。

古话说："君臣之间的道义，是天地间无法逃避的。"无论做官还是隐居，都应该以尊君报国为根本。

今天我们这些人能够吃饱穿暖、安居乐业，都是皇上的恩赐，怎么能不知道感恩呢？将来你若做官，必须把"不欺君"作为根本。不欺瞒，就是所谓的忠诚。上奏进言，世人称之为有气节。但必须确确实实对国家百姓有益才说，若为了博取虚名而指出君主的过失，千万不可蹈此覆辙。所以孔子宁愿采用委婉劝谏的方式，其用意最为深刻。

至于交友，务必谨慎选择。如果遇到对的人，可以一起探索人生的真谛，可以探讨文章，可以排难解忧。交友要虚心相待、真诚相处，不要抱怨世风日下、知己难寻。择友要以自身品德为标准，这是至理。家中有君子，自会吸引门外君子。就像在私塾读书，我先以真诚的态度与他人分享心得，对方必以真诚相报；日常交往中，我先以厚道待人，对方必以厚道回应。要常惭愧自己付出不够，不要担忧遇不到贤者。交友之道，诚信为本：说话要掏心掏肺，做事要竭尽忠诚，宁可人负我，不可我负人。即便遇到恶友相欺，也应反省自责，不要轻易向人谈论他的不是。切记切记。

人伦五常本是天然的秩序。与人相处时，不能掺杂丝毫心机。必须纯粹真诚，发自本心，这才叫敦厚。《中庸》说"用仁德来修养道德"，也是这个意思。从前有个以忠孝自居的人，一位禅师对他说："就算把五伦都做到完美无缺，在孔子看来，也不过是让百姓遵循规范而已，并非豪杰追求的最高境界。"如今世上虽有忠臣孝子，但如果不懂大道，终究只是盲目实践而不明其理，习惯成自然却不明白真谛。所以要以立志求道为先。孟宗哭竹生笋、王祥卧冰求鲤，都是真心感召的结果。南朝宋时，谢述跟随兄长谢纯在江陵，谢纯遇害，谢述护送兄长灵柩回京，途中遭遇暴风，灵船漂失。谢述乘小船寻找，嫂子劝他："小叔此去恐怕凶多吉少，何必同归于尽？"谢述哭道："如果安全到岸，还需料理后事；若出意外，我也不愿独活。"于是冒险搜寻，看到灵柩即将沉没，谢述不由得号哭呼天，灵柩幸而未失，众人皆认为是他的至诚感动了上天。这就是真正的笃行。如果学问达不到这种境界，终究只是表面功夫。即便礼节周到、善于应酬，也不过是让人变得虚伪罢了。

【点评】

"敦"字的意思是勉励,"伦"字的意思是伦常。"敦伦"合在一起,大意是维护良好的人与人之间的道德关系,特别是在家庭中和睦相处。"敦伦"这个词也暗指夫妻之间的性关系,最初含有新婚夫妇依礼行事的用意,后来泛指夫妻的房事。

儒家特别重视五种人伦关系,称为"五伦"。五伦这种说法,最早来自《孟子·滕文公上》。书中载:"使契为司徒,教以人伦:父子有亲,君臣有义,夫妇有别,长幼有叙,朋友有信。"

父子之间,核心是"亲"。突出的是血缘带来的天然的感情,父慈子孝,这是孔子和孟子对父子关系的界定,父亲要慈祥、爱护子女,子女要敬爱、孝敬父母。

君臣之间,核心是"义"。义的本义通"宜",指应该去做的事,引申为责任。君臣关系,相当于契约关系，各自要做好自己的本分，君王要像个君王，臣子要像个臣子。君王要以礼对待臣子，臣子要以忠诚对待君王。

夫妻之间，核心是"别"。男女有别，因而有不同的角色分工，男性更多地负责外部的工作，而女性更多地负责家庭、孩子。

长幼之间，核心是"序"。要有先后的次序，年龄长的要爱护幼小的，年龄小的要尊敬年长的。家里面，长辈和晚辈，兄和弟，构成有序的关系。

朋友之间，核心是"信"。要讲诚信，形成互信互利的关系。

袁了凡对儿子讲五伦，没有超出儒家的范围，而且还带着后世儒家的局限。关于五伦，有一点我们要特别注意，孔孟时代的儒家讲五伦，讲的是对等的要求，臣子要对君王忠诚，但前提是君王"待臣以礼"。如果君王不能待臣以礼，甚至侮辱臣子，那么按照孟子的说法，臣子可以把君王看作"贼"。又或者君王昏庸残暴，那么臣子可以起而造反，杀掉"独夫民贼"。儿子要孝敬父亲，但前提是父亲对待儿子要"慈"，父慈，子就孝。

但到后来，这种对等的要求越来越成为单向的要求，要求臣子忠诚，却对君王的要求避而不谈；要求儿子孝顺，却对父亲的要求轻描淡写；要求妻子照顾好家庭，却对丈夫的角色一笔带过。甚至，慢慢变成了只是要求臣子服从君王，儿子服从父亲，妻子服从丈夫。这其实已经背离了孔孟之道。

袁了凡讲五伦，带着后世儒家的局限，基本还是单向的要求。但在具体论述中，袁了凡显现了一定的个人风格。讲到夫妻关系，他并没有在男女有别上展开讨论，而是告诫他的儿子，在夫妻关系里，最为重要的是杜绝不合乎规范的淫欲。为什么要做到这一点？因为这一点能够涵养德性，也能够保全天福。讲到父子关系，他认为重点在真诚，不在于形式，要把"孝敬"上升到"道"的层面。讲到长幼关系，他的重点在如何维护家族的团结合作,并给出了具体的方法,就是定时聚会。讲到朋友关系,他的重点在于应该和志趣相投的人做朋友,彼此理解、彼此帮助。讲到君臣关系,他的重点在不要向君王说假话,也不要为了博取自己的名声去批评君王。

在袁了凡看来,五种人际关系的处理,不能停留在形式上,而应该发自内心,诚意是最关键的。没有了真诚,无论什么样的礼仪都会流于虚伪。尤其重要的是,五伦的实践,真正的目的不只是处理人际关系,更是为了使自己成为更好的人,成为一个德性充沛的人。

儒家五伦的观念,至少给了现代的我们四个启发。第一,男女关系在五伦中列为第一,是一切人类关系的开端。没有男女关系,就没有人类的延续。这是孩子应该了解的基本关系。用现在的话来说,是关于性的教育。性不应该是一个禁忌,而是应该去面对的基本事实。以孩子可以理解的形式,让他去面对这个基本事实。第二，孝敬的教育不是单向的，而是我们自己在完成"父母"这个角色的责任当中，和孩子共同建立一种父母子女关系，不只是去教训孩子，而是以自己的言行去感染、影响孩子。第三，给予孩子强烈的家庭感，一方面家庭成员之间有相互帮助的氛围，另一方面有家庭历史的叙述，让孩子体会到家庭的重要性，并从小学习承担一定的家庭责任。第四，诚实、善良是一切良好关系的根本。因此，应该从根本上教育孩子成为一个诚实、善良的人，从小懂得人是一定会面对各种社会关系的，而处理好各种关系没有什么诀窍，最为简单的就是遵守规则和讲究诚信。

三、为什么要尊重老师?

【译文】

事师第三

孩子长到十岁,就该跟随老师学习,这是自古的礼制。侍奉师长有一定的规矩,这些礼节不可不学。

侍奉老师有十条规矩:

一、每天必须早起。古人鸡叫就起床洗漱,去父母跟前请安。你虽娇生惯养不必那么早,但也不能太晚,不能老师起床了你还没起。

二、到老师房门前,要先轻声咳嗽,不可突然闯入。

三、早晨见面要请安问好。

四、老师需要什么,要立即照办。

五、粥饭、茶水要嘱咐仆人按时送去,迟了要催促，最好亲自查看并端送。

六、老师教导时要虚心聆听。讲书时要字字琢磨，讨论时要放下己见，不可固执轻慢。

七、远远看见老师要起身，老师走近要拱手站立。外出时要跟在后面，不可踩到老师的影子。

八、即使老师责备过分，也要默默承受，不可顶嘴辩解。

九、不要议论老师的过失，有人说起也要帮着解释维护。

十、晚上要嘱咐仆人备好被褥，或亲自检查。老师就寝时要帮忙盖好被子。

过去林子仁考中进士后，仍恭敬侍奉王心斋老师，甚至亲自倒夜壶。今有冯开之也命儿子为老师倒夜壶。这些前辈的典范，你都应该效法。

侍奉老师的根本，在于虚心求教。如果能处处学习，就可以做到"三人行，必有我师"；如果固执己见，就算与圣人同住，也得不到长进。舜帝喜欢请教他人、体察浅近之言,难道当时还有比他更英明睿智的人吗?正因为他连樵夫的意见都虚心请教,所以人人都能成为他的老师;正因为他连平常话语都认真思考,所以每句话都蕴含深意。

你要做到有学问却像没学问一样谦虚,有实力却像空虚无物一样低调,能接受所有人的有益建议,能让每个人都成为你的老师,这才是大家风范的治学之道。

【点评】

袁了凡特别列出一章，告诫他的儿子要尊重老师，具体讲了侍奉老师要注意的十个事项。这十件事在现代人看来，有些不合时宜。但古代知识的传承，基本依靠老师。而且在儒家看来，老师不仅传授知识，还有更重要的使命，是弘道。老师是道统的传承者。加上中国历来实行科举制度，老师的教学多少决定了你能否考取功名。因此，中国古代社会特别重视尊师的传统。

如果袁了凡只是讲了尊师的十个注意事项，多少有点陈腔滥调。但袁了凡讲完具体事项后，笔锋一转，说侍奉老师的目的，是为了获得有益的教诲。又进一步升华，说如果自己抱着虚心学习的态度，那每一个人都可以成为自己的老师。所以，尊重老师的真正目的，是为了养成好学的态度。袁了凡的说法，源于韩愈的《师说》。

《师说》开篇即提出"师者，所以传道受业解惑也"，强调了师的重要性。韩愈认为，教师的职责主要有三个方面：传道、授业、解惑。其中，"传道"最为根本，指的是传授儒家之道，即仁、义、礼、智、信等道德伦理观念；"受业"则是教授学生具体的学业知识和技能；"解惑"则是解答学生在学习过程中遇到的疑惑和难题。韩愈强调，无论身份贵贱、年龄长幼，只要有道可学，皆可为师，打破了传统观念中师生关系的界限，体现了平等、开放的教育理念。

在择师的标准上，韩愈认为应该以道德品质、学识渊博为标准，而不应以年龄、地位、财富等世俗观念来衡量。他批判了当时社会上轻视师道的风气，认为这种风气会导致国家衰败、文化断层。

韩愈还通过对比古今，对比同一个人对待自己和子女从师学习的不同态度，以及对比巫医、乐师、百工之人与士大夫之族，批判了不重师道的错误态度和耻于从师的不良风气。他以孔子为例，指出古代圣人重视师道的事迹，进一步阐明从师的必要性和以能者为师的道理。韩愈的《师说》辨析了什么样才是真正的老师，但里面隐含的更重要的观点是，一个人应该具有一种学习精神，善于向各种老师学习。所以，重点不在于老师，而在于要有学习的精神。一旦有了好学的精神，生活中随时随地都是学校，任何人都是老师。

并非只有学校的教育才是教育。生活中任何一个时机，都可以转化为教育。现在的父母，为孩子喜欢游戏而焦虑。观念上预设了游戏像毒品，会让孩子堕落。换一种思路，游戏其实和图书、影视一样，无非是人类叙事的一种形式。真正的问题并非游戏，而是上瘾。无论对什么上瘾，都是问题。但你要解决的，不是禁止那个"什么"，而是要解决"上瘾"。因此，对孩子的教育，不是简单的不允许他玩游戏，而是帮助他学会时间安排，养成自律的习惯，避免对游戏以及其他事情的上瘾。更重要的是，引导他从游戏中获益。通过游戏，可以学到历史知识、地理知识等，寓教于乐。在今天这个人工智能时代，孩子除了学习知识，更要培养学习的能力，学习的能力包括使用各种搜索引擎以及 AI 工具的应用。除了学校、老师、家长，还有大量的自媒体，如果加以引导，都是孩子学习的途径。

四、如何与他人相处?

【译文】

处众第四

弟子的本分,不仅在于亲近仁德之人,更应关爱众人。"亲民"本就是儒家真学问的要义,所以对所有人都应当怀有爱心与敬意。孟子说:"仁者爱人,有礼者敬人。"这里说的爱人,不是只爱好人。真正的仁者无所不爱,善人固然要爱,恶人也要爱,就像水流不分干净污秽都能包容浸润,这就是"泛爱众"的真谛。

有人问:既然如此,为什么又说仁者能厌恶恶人?回答是:百姓都是我们的同胞。君子的本心只有仁爱没有憎恶,但当有人伤害他人、破坏万物、违背天地一体之仁时,就不得不厌恶他。这是为千万人而厌恶，不是出于私心。除掉一人就能让千万人安宁，为何不除？惩治一人能让千万人警醒，为何不惩？所以流放诛杀，都是出自恻隐之心的流露，本质上仍是爱人。只有真正的仁者才能做到这一点。明白这个道理，即使遇到恶人冒犯，心中也不会有一丝芥蒂。

孟子"三自反"的说法最值得深思：若我真能反省自身，待人接物自然妥帖，又怎会自以为是地标榜仁德、礼节和忠诚呢？对方越是蛮横，我越要修身反省，不求减轻委屈，不求立竿见影的效果，这正是君子终生之忧的意义所在。这样做有三个益处：一能磨炼未平的意气，培养包容的胸襟；二能反省不易察觉的过失，使德行更加纯粹；三能感恩上天的磨砺，转祸为福。

你今后与人相处时，遇到好人要像对待老师般尊敬，将他们的一言一行都记在心里，努力效仿；碰到恶人切莫厌恶，要默默反省："这样的过错言行，我敢保证自己绝对没有吗？"更要明白世风日下，百姓失教已久，过失言行本是常事，不但不可宣之于口，也不该耿耿于怀。只要持守正道，恶人自会远离，善人自会亲近。你们父亲德行浅薄，但尚能包容。遇到冒犯从不计较，也不记恨。你们应当学习这种胸怀。

《易经》说："大地的气势宽厚和顺，君子亦如此，以深厚的德行承载万物。"扶持而不让其倾倒，托举而不让其坠落，任凭踩踏也不动摇，这叫承载万物。现在的人，连至亲骨肉稍有违逆就动怒，怎能承载万物呢？《中庸》也说："博大厚重才能承载万物，崇高光明才能覆盖万物。"

人们只怕德行不够博大厚重、不够崇高光明罢了。要做到这点，必须拓宽心胸、扩大德量。如果听到批评就生气，见到恶行就难以容忍，这只是心胸狭窄；有见解不能隐忍，有才能不懂收敛，这只是修养浅薄。要勉力学习博大，勉力学习厚重，明白天下人都与我一体，都是我应当承担和成就的对象。承载万物本是我的分内之事：不受外物局限就是崇高，不被私心蒙蔽就是光明。如果真能达到崇高光明的境界，自然能够包容而不排斥，覆庇而不遗漏。这些都是做人的本分，并不稀奇。你对待所有人，都要想着如何承载、庇护他们，心中不要存有一丝懈怠疏忽的念头，不要生起一点斤斤计较的心思，自然就能日渐达到博大厚重、崇高光明的境界了。

《易经》说："君子能沟通天下人的心志。"从前子张请教通达之道，正是想达到这个境界。孔子告诉他："本性正直而崇尚道义，善于察言观色，常怀谦逊之心。"与人相处时，文饰易招忌，质朴易平和，曲折容易引猜疑，直率能赢得信任。所以要以质朴正直为本，坦荡平和，真诚务实，且乐行义举，这样谁不喜爱？

凡事竭尽全力，没有必要去曲意逢迎。被人疏远还不自知，自以为是却不羞愧，这怎么行！因此必须观察他人言语神色，常怀是否冒犯他人的警觉，保持谦逊态度，这才是真学问。亲近民众之道在于舍弃自我、平等待人、沟通心志、潜移默化，让对方从心底认同改变。这些道理岂能草草读过！

处世之道就是持身要谦，待人要恕，这便可终生奉行。与两人相处时切不可对甲说乙的缺点。他人有过，应当面指出。说话要保留七分，只说三分。若诚意未被接受，先自我反省。即使日常谈话，凡议论他人，都要确保当事人能听到。否则就是犯了两舌之戒。

要让长者安享晚年，朋友互相信任，晚辈得到关怀。天下人无非这三类。凡是年长于你的，都应视为长者。《礼记·曲礼》说："年长一倍者，以父礼相待；年长十岁者，以兄礼相待；年长五岁者，并肩而行但要稍后。"又说："见到父亲的朋友，没让进就不敢进，没让退就不敢退，不问就不敢插话。"还说："与父亲同辈同行时，担子轻就一起并到自己身上，担子重就主动分担。"要以谦卑恭顺的态度，设法让长者心情安宁不生烦恼；通过劳动侍奉，让长者身体安适不觉劳累。这些都应当细心体会并努力践行。同辈就是朋友，虽有亲疏善恶之别，但都应以诚相待。地位低于你的晚辈，应当用恩惠关怀。管理童仆下人时，若他们偶有过错，不可变脸呵斥，不可恶语辱骂。应先心平气和地教导，屡教不改再责罚。责罚时要保持心平气和，确保对方真正受益，这样的惩戒才有意义。《尚书》说："不要对愚顽者动怒。"即便对方确实顽劣，若我有一丝怒气，就是我的过失，怎能服人？所以管人之前，要先平息自己的怒气。这些都是关爱晚辈的要诀，务必牢记。

【点评】

如何处理好人与人的关系？或者说，如何与人相处？孔子的答案是一个字：恕。宽恕的恕。"恕"这个汉字有"体谅、原谅"的意思，引申开来，有推己及人的含义。孔子有一次用这样一句话解释什么是"恕"，就是：己所不欲，勿施于人。

你自己不想要的，不要强加于人。这是儒家关于人际关系的出发点。这个出发点所要达到的终点是：人与人之间的和谐。这个和谐不是和稀泥、不讲原则、随波逐流做老好人，而是"和而不同"，每个人都有自己的个性和见解，但同时对和自己不一样的人，却能相互尊重、相互包容。"恕"和"忠"组成"忠恕"一词，成为孔子讲的"一以贯之"的"道"。朱熹把"忠"解释为"尽己"，就是竭尽全力做好自己，把"恕"解释为"推己"，就是从自己推演到其他人。孔颖达的解释是："忠者，内尽于心。恕者，外不欺物。"

孔子思想的核心是"仁",也是儒家最高的道德标准。如何实现仁呢?通过"恕"这个基本的路径,可以实现"仁"。一方面,"己所不欲,勿施于人",是"仁"的组成部分;另一方面,"仁"则是"恕"的最终目的和归宿。早在十七世纪,法国人就把"己所不欲,勿施于人"看作中国道德的精髓,也是儒家思想中最具有现代意义的元素,更是一种切实可行的解决人类纷争的社会方案。

根据忠恕之道,儒家在做人这件事上,有两个通用的原则:第一是"仁者爱人",对所有人都要有爱心和同情心;第二是"君子求诸己,小人求诸人",凡事都要从自己身上找原因,不要责怪别人。袁了凡讲处众,是围绕这两个原则展开并提出了自己的一些解读。

仁者爱人,对什么人都要有爱心,那对恶人怎么办呢?袁了凡的解释是,世俗社会里,是存在善恶的,什么是恶呢?"恶人伤人害物,损害我仁爱全体之人的心志。"君子固然将所有人视为自己的同胞，但也会厌恶恶人。君子的厌恶，不是出于私欲，而是出于大众的利益。所以，即使厌恶这个人，仍然会有恻隐之心。

一切从自己身上找原因，总是反躬自省，这是避免内耗很好的方法。有三种情况经常需要面对，一是如何面对别人做不适当的事情，甚至做坏事；二是如何面对别人对自己的伤害；三是如何面对犯了错的下属。

第一种情况下，批评别人好像没有什么问题，看到别人乱扔垃圾，难道不应该去批评指责吗？当然可以，但这种批评需要善意和诚恳，千万不要居高临下。更重要的是，把别人当作镜子，看看自己会不会做这样的事。而不是把别人当作借口：你看别人都是这样，为什么我不能这样？儒家的信念是，就算大家都在做不该做的事，我还是要坚持做我自己该做的事。

第二种情况下，做出回击好像是理所当然的，别人辱骂我，我难道不应该骂回去吗？但问题是骂回去有用吗？别人以扭曲的方式对待我，我以同样扭曲的方式回应，那我就把自己降低到和他一个水平了。对别人的冒犯，如果我生气了，那伤害的就是我自己。人的一生，或多或少要遭遇来自别人的恶意，一般而言，不理会是最好的方法。如果严重到一定程度，那就把它交给法律。但不管怎么样，还是要把落脚点放在自己身上，"对方越是横暴，我越要修身反省。不求他人横暴有所减轻，只求己身之反省有所成效。"

第三种情况下，指责甚至惩罚下属，符合管理法则，下属的员工做错了事，或完不成指标，当然要去责罚，否则怎么管理公司呢？按照规定去责罚，无可厚非，但袁了凡讲了两个非常关键的点，一是即使别人做错了要受责罚，也不应该带着侮辱的态度，仍要尊重别人的人格；二是千万不要带着情绪。

不要带着情绪，就事论事，对事不对人，凡事多反省自己，这是袁了凡讲处众时很强调的一个点，也是解决人际关系的终极法门，儒家讲反躬自省，佛家讲"忍辱"，好像不近人情，即使遇到了伤害，也不要聚焦在别人身上，而是自我反省、自我救赎，为什么要这样呢？袁了凡说出了其中的秘密。如果你这样做，恶人自然会远离你，而善人就会来亲近你。这才是儒释道智慧的究竟处，不是教你怎么样战胜对方，你在战胜对方的过程里，会有越来越多的敌人，而是教你如何从心性层面化解来自外界的敌意，在化解的过程中，你会越来越从矛盾对立的二元关系里跳出来，最终你的人生里没有敌人，全是同行的伙伴，没有竞争，只有合作。

这个关键点，即使成人也不太容易理解和掌握，更何况孩子？袁了凡告诉儿子，要养成两个具体的小习惯，只要坚持就能带来洁净的人际关系。第一个习惯，不要议论别人。如果对某人有什么看法，要么当面告诉他，要么就不说，千万不能在其他人面前议论。闲聊时要特别注意，不要去议论其他人的各种八卦，即使是名人的八卦，也不要去议论，因为你并不知道真相。语言是有能量的，会产生感应。东家长西家短，说着过瘾，但已经把你卷入是是非非的罗网里了。第二个习惯，学习聆听别人，不要急于表达自己，而要学会倾听，去理解别人的想法。放下成见和情绪，不要给别人贴标签，如实地去看待其他人。

这是很容易掌握的两个小习惯，如果从小就养成，那就根本不用担心未来会遇到什么人际关系上的麻烦。而一旦拥有了洁净的人际关系，就会有平安喜乐的人生。

五、如何成就事业？

【译文】

修业第五

提升品德与精进学业，本是一体两面的事。读书人要备考科举，做官要履职尽责，家庭要经营家业，务农要耕作田地，处处都有本分。修养品德就体现在日常行事中——善于修养的人，谋生治业都不会违背天理；不善于修养的，处处都会碰壁。你现在在学堂，读书作文就是你的本分。

精进学业有十个要点：

一、控制欲望。心中澄澈无杂念，真有成为圣贤的志向，才能读懂圣贤的书，才能阐发圣贤真意。

二、身心平静。平静包含几个方面：喜欢闲逛或无目的走动，是双脚不静；沉迷赌博下棋或喧哗，是双手不静；心思放纵、胡思乱想，是意念不静。这些都要切实戒除。

三、要相信。圣贤经典都是为教化世人而作，必须相信字字都可效法，句句都可践行。经典中那些看似拖沓、执着形式的语句，都是针对特定问题而说的。若没有这些问题，方法自可放下，但不可怀疑经典。修行的关键是相信。如果怀疑自己不能成圣而甘心退缩，怀疑圣贤之言不实而不肯遵行，那么即使修行也徒劳无益。

四、专心。读书必须制定明确的学习计划，勤奋专注，追求实际收获。作文必须全神贯注，排除一切干扰。彻底摒除各种杂务，不要沉迷雕虫小技，以免分散精力，不要阅读杂书以免心神涣散。

五、勤奋。自强不息是天道运行的常态。人应效法天道，不可让懒惰之气存于身心。白天磨砺精神，高效进取。夜晚减少睡眠，保持志气清明。周公崇尚勤勉，大禹珍惜每一寸光阴，我们算什么人，怎敢自我懈怠？

六、持之以恒。现在的人修行事业用功的很多，坚持的却少见。勤劳而不持久不是真正的勤劳。涓涓细流能抵达大海，方寸小芽可以长成参天大树，都因为坚持不懈。你能持之以恒，什么高度不能达到，什么困难不能攻克？

七、日日精进。学习修行要每日见成效。比如今天读书觉得明白很多道理，明日再读又有新领悟，这才真有益处。今天写文章自认为写得不错，明日再看发现诸多不足，这才会有进步。就像蘧伯玉，二十岁知错能改，二十一岁回头看去年改正的，又发现不足。到五十岁仍能发现四十九岁时的过错，这才是真正少犯错的君子。因为读书作文与为人处世，道理本就没有穷尽，精进也永远没有终点。古人把检查书中的错误比喻成扫地，扫完一层灰，又会落下一层灰。又说读书每翻阅一次都会有新的收获。

这些都是真理啊！

八、身临其境。读书时，就像圣贤站在面前，直接面对面传授学问；提问时，像是自己向自己发问，回答时，又像是圣贤在教导我——每一句话都要联系自身，不能空谈道理。写文章也要亲身体验、如实表达，就像自家人聊自家事，这样才能亲切有味。

九、专精。管子说："思考了再思考，反复不断地思考。思考到想不通时，连鬼神都会帮你贯通。其实不是鬼神的力量，而是精神专注到了极点。"《吕氏春秋》记载，孔子和墨翟白天诵读学习，夜里竟能亲眼见到周文王和周公，在思考中向他们请教，他们用功专注到这种程度。史书记载赵璧弹奏五弦琴，别人问他技巧，他说："我弹五弦琴，起初是用心去驾驭它，后来是精神与琴相融，最终达到与自然合一的境界。那时我心神空明，看到的、听到的、闻到的全都混在一起，甚至分不清是五弦琴在弹奏我，还是我在弹奏五弦琴。"求学的人必须达到这种境界，才可以说是专精。

十、证悟。立志于道、坚守德行、归依仁心，做到这些就足够了，可为什么还要说"游于艺"呢？因为"艺"也是一样的道理——如果沉迷其中而不醒悟，只会白白耗费精神；但若能通过畅游在"艺"上得到领悟，就能超越技艺的表象，与道德性命融为一体。从前孔子向师襄学琴，练了五天仍不学新曲。师襄说："可以学新曲了。"孔子说："我掌握了曲调，但还没把握节奏。"又过了五天，师襄再劝，孔子说："我掌握了节奏，但还没理解曲中深意。"再过五天，孔子说："我理解了曲意，但还没体会到作曲者的精神。"又过了五天，孔子突然说："我明白作曲者是谁了！那人身材高大，肤色黝黑，目光深邃，心怀天下——莫非是周文王？"师襄离席下拜说："这正是文王所作的《文王操》啊！"琴不过是寻常小物，孔子却通过它感知到作曲者的精神，仿佛与千年前的文王当面相遇——这就是"悟"的境界。如今我们诵读古人的诗书，若不了解其人的精神境界，行吗？只有达到这种境界，才明白"游艺"的真正价值，才懂得技艺表象无碍于性命根本。

【点评】

所谓事业，是一个人在世间的自我实现。所谓事业有成，是一个人自我实现的程度，以社会地位显现出来。考上好的大学，在工作中有所成就，是典型的事业有成。如何能够事业有成，涉及如何考上大学，如何选择专业，如何在工作中做出成绩，如何确定目标，如何实现目标，如何找到自己的天赋，如何建立人脉，等等。

但袁了凡的侧重点显然不在"成事"技巧上，而在"心法"上，他列出了帮助你事业有成的十个要点：无欲、静、信、专、勤、恒、日新、逼真、精、悟。这十个心法，归纳起来有五点，第一是强调你要超越世俗的功名利禄，把人格的达成作为真正的目的，这样你就可以不受欲望的羁绊，不受情绪的控制，能够心无挂碍地去做事，通俗地说，就是以出世的心做入世的事业。第二是强调持之以恒的信念和勤奋，要相信自己，圣贤是人，你也是人，圣贤可以做到，你也可以做到。只要年复一年日复一日地勤勉，没什么是无法做到的。更重要的是把对经典的学习转化为日常的行为。第三是强调不断自我更新，体现在两个方面，一是终身学习，二是随时改过。天行健，君子自强不息。第四是强调专注和纯粹，不受外界干扰，唯有听从自己的内心，专注在自己该做的事情上，达到一切随缘、随心，最后自然而然，自在无碍，做什么都可以做成。第五是强调"悟"，通过孔子学习古琴的事例说明什么是悟。

1989年史蒂芬·柯维出版了后来畅销全球的《高效能人士的七个习惯》，在书里他提到自己研究了1776年以来美国所有讨论成功因素的文献，他发现在这200多年里，前150年的主流看法是把"品德"看作成功之母，本杰明·富兰克林是杰出的代表，他一生都在努力让自己成为一个有信念和品德的人，看重诚信、谦虚、勇气、节欲、勤勉、朴素等品德。但第一次世界大战之后，主流的看法变了，更看重所谓的"个人魅力"，认为个人形象、行为态度、人际关系，以及长袖善舞的圆熟技巧，才是取得成功的关键。

但柯维认为，现在到了矫正的时候了，"在暂时性的人际交往之中，你或许精于世故，按'规矩'办事，暂时蒙混过关；你也可以凭借个人魅力八面玲珑，假扮他人知音，利用技巧赚取好感。但在长久的人际关系里，单凭这些优势是难有作为的。假如没有根深蒂固的诚信和基本的品德，那么，生活的挑战迟早会让你真正的动机暴露无遗，一时的成功会被人际关系的破裂所取代"。柯维的意思是，还是要回到人的本质，也就是人的品德，只有在品德上修炼，由内而外造就自己，才能获得真正的成功。离开了品德的各种方法，都是治标不治本。相信品德决定论，会带来全新的思维方法，会让我们的生活发生实质性的变化。

柯维的说法，指出了成就事业有两种方法，一种是营销式的"个人魅力"，一种是"品德至上"。袁了凡的十个要点，开启了第三种方法：心性觉悟。第一种方法，总是寻找窍门，用所谓的"打造"，策划各种人设和事件，以最快的速度求取注意力和资源，求来成功。第二种方法，在个人品德上下功夫，比拼的是人品，靠感应获得成功。第三种方法，在清净的心性上去证悟，静下来你就赢了，成功是从自己心田上生长出来的。

在人工智能时代，传统的教育以及事业路径，都越来越失去效果。大学四年，无论学到的知识还是拿到的文凭，都已经无法应对日新月异的变化。人类社会的结构和秩序，在发生革命性的巨变。以前教育孩子如何成就事业，只要教育他好好考试，考个好的大学，好好工作，完成晋升，就可以了。但现在，即使你考上世界名牌大学，也不一定能够找到合适的工作。如果人工智能取代了人类大部分工作，那人类还能做什么呢？

这种情况下，学习什么专业、工作技巧等，都越来越不重要，反而是人品、你发自内心显现出来的人格力量，变得越来越重要。而比人品更重要的，是心性觉悟，是情绪管理的能力和自我重塑的能力。袁了凡的十个心法，对今天的孩子，恰恰十分必要，而且迫切。做什么已经不重要了，重要的是你以什么样的心去观察、去做。你的人品和心性才是你永远不会失去的最宝贵的资本，可以抵御一切的风险。

六、为什么礼貌不只是形式？

【译文】

崇礼第六

《礼记》记载的三百礼仪和三千威仪，都是儒家修身的具体实践。如今儒教衰微，礼仪荒废。程颢见僧人用斋井然有序，感叹："三代的威仪，竟保存在佛门。"我晚年得子，对你宠爱有加，未曾严加管教。如今你已成年，当以礼自律。重大礼仪如冠、婚、丧、祭，可参考《仪礼》一书及先儒朱熹编撰的《家礼》等书。现将日常礼仪归纳如下，希望你能谨慎遵守：一是视，二是听，三是行，四是立，五是坐，六是卧，七是言说，八是笑，九是洒扫家务，十是谈话应对，十一是揖拜之礼，十二是给予和接受之礼，十三是饮食，十四是揩鼻涕和吐痰，十五是上厕所。

孔子教导颜回"四勿"（非礼勿视，非礼勿听，非礼勿言，非礼勿动）时，把"视"放在第一位。孟子观察一个人，也是先看对方的眼神。所以目光礼仪非常重要，斜眼看人显得奸诈，直勾勾盯着显得愚钝，眼睛往上看显得傲慢，眼睛往下看显得深藏不露。《礼经》规定：看尊长时视线落在对方腰带位置；看晚辈时视线落在对方胸口位置。遇到女性不能盯着看；看见私人信件不能偷看；凡是涉及隐私或不合礼仪的事，都不该随便看。

凡是听别人说话，应该仔细理解他的意思，不能草率应付。古语说："听思聪。"比如听老师讲书，或者讨论道理，每个人根据自己理解能力的深浅而有不同收获——理解浅的人只能听懂粗浅的表面意思，理解深的人才能领会精微的内涵，怎么能不认真思考着听呢！现在的人听别人说话，常有对方还没说完就急着发表自己意见的，这是极其粗鲁轻率的表现。听人说话时，既不要歪头侧耳（显得不庄重），也不要靠着墙壁或倚在门边（显得不专心）。如果是两三个人在私下交谈，更不该偷听他们的是非议论。

凡是走路，必须注意仪态和顺序。抬脚走路时，每一步都要和心神相应，不能太快，也不能太慢。不能放肆地奔跑，不能两手摇摆着走，不能蹦跳着走，不能踩踏门槛，不能和别人紧挨着肩膀走，不能边走边嚼食物，不能左顾右盼地边走边看自己的影子，不能和醉汉或狂人前后紧跟着走。要提防快车奔马，按次序行走。如果遇到老人、病人、盲人、背负重物的人、骑马的人，就要靠到路边，让路给他们。如果遇到亲戚中的长辈，就要退到一旁站定，或者主动行礼。

凡是站立，必须保持端正姿态。古人说"立如斋"，站立时要像斋戒时那样庄重，要求前后衣襟整齐垂落，左右对称笔直，不能歪斜倾倒。不能站在大门正中间，不能和别人手拉手站在道路中央，不能双手叉腰站立，不能侧身倚靠站立。

凡是坐，坐姿要恭敬而挺直，要像奠基的石头一样稳重，要像枯木一样静止不动，这就是古人说的"坐如尸"（像祭祀时的尸主一样庄重）。不能歪斜着坐，不能两腿张开像簸箕一样坐（箕坐），不能跷着二郎腿坐，不能摇晃膝盖，不能两腿交叉，不能频繁晃动身体。

凡是卧，睡觉时在还没闭上眼睛前，先要让内心清净，扫除各种杂念，保持清醒的状态再入睡，这样夜晚的梦境就会安宁愉快，不会在睡梦中放纵自己。要轻闭嘴唇来稳固气息，调节呼吸来安定心神。不要经常伸直双腿睡觉，不要仰面朝天睡觉（这就是古人说的"寝不尸"），也不要趴着睡。古人大多右侧身贴床，膝盖微屈而睡。

宋代儒者曾说："凡是高声说一句话，就已经是罪过了。"平常说话，要像在父母身边一样，低声细语。同时要根据情况自然表达，虚心应对，该说时说，该沉默时沉默。说话必须真诚，这就是所谓的"谨慎而可信"。应当坦诚相见,不能含糊其词让人不明白。不可恶语伤人,不可挑拨离间,不可胡说八道,不可花言巧语。这些都要切实戒除。

每一个皱眉或微笑,都应当慎重。不能放声大笑,不能无缘无故冷笑,不能伸直喉咙露出牙齿。凡是打哈欠或大笑时,一定要用手遮住嘴巴。

洒水扫地本是晚辈的职责,有十个注意事项:第一,先要卷起门帘,如有圣人画像,先放下厨帐;第二,洒水要均匀,不能有的地方多有的地方少;第三,不能把水溅到四周墙壁上;第四,不能用脚踩踏湿土;第五,挥动扫帚要轻缓;第六,扫地应当顺着方向扫;第七,要把每个角落都扫干净;第八,收垃圾时要把簸箕口朝向自己;第九,不能堆积垃圾,要分类清理;第十,要擦干净桌案。

与人应答时的礼节,要心平气和,不能听到呼唤不回应,不能高声呼唤却低声应答,不能惊讶呼叫或怪声怪气地应答,不能不情愿地愤怒应答,不能隔着屋子大声应答。凡是拜见尊长时，如果被问到个人情况，不论是正式询问、泛泛而问还是试探性询问，都要明白问话的用意，有些该回答，有些不该回答。从前王述一向有痴傻的名声，王导征召他做属官，初次见面时，王导只问江东的米价，王述睁大眼睛不回答。王导对别人说："王郎不傻。"这就是不该回答就不回答的例子。如果被问到前辈的事情，千万不能直呼其名。比如马永卿拜见司马光时，司马光问："刘某还好吗？"马永卿回答说："刘学士安好。"司马光非常高兴，说："后辈不直呼前辈的表字，最为得体。"这些地方，都是应答时应当知道的礼节。

作揖行礼时必须先两脚并拢，双手交叉放在胸前，然后互相谦让着行礼。作揖不能太深，也不能太浅。作揖时不能回头张望，跪拜时要先屈左膝，再屈右膝。起身时要先起右脚，双手按在膝盖上站起来。古代礼仪有九种跪拜仪式，现在不全用了。遇到长辈时，不能自己站在高处向低处的长辈行礼。看到长辈正在吃饭没停下时，不能行礼。如果长辈特别说明免礼，不能强行行礼。如果遇到狭窄的地方，长辈不方便回礼，要自然找机会行礼。

赠送物品给别人时，物品的朝向很有讲究。比如赠送刀剑时，要把刀刃朝向自己；赠送笔墨时，要把手握的部分朝向对方。《礼记·曲礼》中记载："献鸟时要按住鸟头，献车马时要拿着马鞭和登车绳，献铠甲时要拿着头盔，献手杖时要拿着末端，献俘虏时要抓住右袖，献谷物时要拿着量器，献熟食时要端着酱料，献田地房产时要拿着地契。凡是赠送弓的，绷紧的弓要使筋纹朝上，松开的弓要使角朝上，右手握住弓梢，左手托住弓把，不论尊卑都要垂下佩巾。如果主人行礼，客人要退避躲开。主人亲自接受时，要从客人左边接过弓把，与客人同向站立后再接受。进献剑时，剑首要朝左。进献戈时要将柄端朝前，刃朝后。进献矛戟时要将柄端朝前。进献几案手杖时要先擦拭干净。进献马匹羊只要用右手牵，进献狗要用左手牵。拿着禽鸟时要让鸟头朝左。装饰羊羔和大雁要用彩带。接受珠玉时要双手捧接。接受弓剑时要用衣袖托着。用玉杯饮酒时不能挥洒。"这段记载很值得记住。接受别人赠送的物品时最要谨慎，拿着空的容器要像拿着满的一样小心，拿着轻的东西要像拿着重物一样慎重，不可马虎。

在侍奉尊长沐浴递毛巾时，有五点必须注意：第一，要先抖开毛巾；第二，要用双手托住毛巾的两端；第三，距离要适中（约二尺远），不能太近也不能太远；第四，冬天要先把毛巾展开，靠近炉火烘暖；第五，尊长用完后，要把毛巾放回原处。其他类似的侍奉礼节，都可以参照这个原则来施行。

饮食是日常必需，不可挑肥拣瘦，只吃美味的，以致伤胃。粗茶淡饭反而能怡养精神，要常存节制饮食的念头。不可仰着头吃，不可弯着腰吃。与人共餐时，不可专挑精细的食物。客人未动筷，自己不能先吃；用餐结束，不能最后一个吃完。不可狼吞虎咽，不可吃得满嘴都是，不可掉得饭粒狼藉，不可带着怒气吃饭，不可抽着鼻子吃，不可咀嚼出声，不可边吃边和人说话。把嘴凑近食物显得贪吃，把食物凑近嘴显得傲慢，这些都要避免。饭后漱口时，动作不能太大引人侧目。

擤鼻涕、吐痰这种事虽然有时忍不住，但也不能太频繁。实在不得已时，必须注意场合：不能当着客人面擤鼻涕、吐痰；不能在正厅里擤鼻涕、吐痰；不能朝着别人家清净的房间里擤鼻涕、吐痰；不能在房间墙壁上擤鼻涕、吐痰；不能在干净的通道上擤鼻涕、吐痰；不能在生长的花草上擤鼻涕、吐痰；不能在溪流泉水里擤鼻涕、吐痰；应当到隐蔽处处理，避免被人看见。

上厕所也有十条规矩：第一，该去时就去，不要憋急了才去，也不要东张西望；第二，厕所里如果有人，要稍等片刻，不能故意发出声音催促；第三，进去时要提起衣袍；第四，进厕所前要先轻咳一声；第五,在厕所里不能和人说笑;第六,不能在厕所里擤鼻涕、吐痰;第七,不能在地上或墙上乱画;第八,不能频繁低头回头看;第九,不能把污物弄到厕所房椽上;第十,上完厕所要洗手后才能拿东西。

以上这几条,只是说了个大概。你如果真有志向,三千条礼仪规范,都可以根据这些基本原则来推演掌握。智慧能够理解,仁德能够持守,做人的根本就已经端正了。但还必须要用庄重的态度来实践,用合礼的举止来行动,才能做到尽善尽美。所以礼仪虽然看似很细微,但推崇它却能够滋养万物,崇高到与天比肩,千万不要把它当作细枝末节而忽视啊。

【点评】

"崇礼"讲的是礼,"礼"在古代汉语里,本义是祭神、敬神,表示敬意,后来引申为礼仪等。儒家的"礼",大概有三层含义,一是礼俗,指日常生活中的行为规范,礼仪习惯,有点接近现在所说的"礼貌";二是礼教,上升到道德层面,用道德来约束人的行为;三是礼制,用于维护社会秩序和稳定的各种制度。"礼"体现了人之为人的文明特征,《礼记》说:"今人而无礼,虽能言,不亦禽兽之心乎?"假如人没有礼,那么,就算会说话,也还是禽兽。

有一次,颜回问孔子什么是仁。孔子回答:"克己复礼为仁。一日克己复礼,天下归仁焉。为仁由己,而由人乎哉?"大意是约束自己来践行礼,这就是仁了。只要一天能这样,那么,天下就归入我心之仁了。为仁完全由自己,不在别人。颜回接着请求孔子说得再详细一点,孔子就说:"非礼勿视,非礼勿听,非礼勿言，非礼勿动。"大意是凡非礼的不要去看，非礼的不要去听，非礼的不要去说，非礼的不要去行动。颜回听了，就说自己虽然愚钝，但也会按照老师的教导去切实努力。

孔子这番话，把仁和礼的关系说清楚了。礼不只是外在的形式，更是仁的体现。仁并非抽象的东西，而是实实在在地显现在日常的行为当中。孔子讲了"视、听、言、动"四种。袁了凡讲的礼，是从这四种行为延伸而来，扩展到十五种行为，具体而细微，属于小节，却不可不重视，小节里有大学问。

法国社会学家诺贝特·埃利亚斯的名作《文明的进程》，分析餐桌行为、谈吐等社交礼仪。虽然不能说礼仪是文明的演进，但礼仪确实是文明演进过程里不可忽略的、可见的环节。礼仪的设置，包含了人类社会对"野蛮"和"文明"、"粗鄙"和"文雅"的分野，也包含了贵族阶层以礼仪来区隔上流社会的努力。他追溯"礼貌"这个词的现代意义最早是从

1530年出版的《男孩的礼貌教育》开始的，这本小册子的作者是埃拉斯穆斯·封·鹿特丹，讲的是一个男孩如何在社会中有得体的行为。他列出的规矩，比如，目光应该柔和、宁静、真诚，而不应该空洞、冷漠或像阴险恶毒的人那样东张西望；鼻孔里不应该有鼻涕，用手擤鼻涕然后擦在衣服上，不合规矩；吐痰时应尽量转过身去，以免把痰吐在或溅在别人身上；等等。

礼仪的形成，多少和羞耻心有关。人的心智越成熟，就越对动物性的行为感到不安、羞耻。诺贝特·埃利亚斯认为，人的行为在公开场合被分成了允许的和不允许的两种形式，人的心理结构也发生了变化。由社会认可的戒律培养成了个人的自我强制。对某些情感的强制性的压抑以及由这些情感而引起的社会羞耻感已经变成了个人的习惯，以至于即使人们在独自一人时、在隐秘的场所里也不会去违反这一习惯。

不论是孔子对礼的高度重视，还是社会学者对"礼貌"背后意义的挖掘，都显示了礼貌不仅仅是礼貌，它一方面和文化源流相贯通，另一方面是自我塑造的重要部分。因而，在孩子的教育中，礼貌教育是最容易切入的点，只要以几个简单的礼仪规训孩子，并让这些礼仪变成他的生活习惯，就能使他终身受益。

七、为什么要重视祭祀？

【译文】

报本第七

程颐先生说："连豺獭都知道以祭祀来报答生命本源，士大夫们却忽视这一点，厚待活着的父母而薄待祖先，这怎么可以！"湛若水先生说："祭祀，是延续奉养。祖父母去世后子孙无法继续奉养，所以用春秋祭祀来延续孝心。但祖先的神灵，比他们生前更需要敬重。因此要七天预备、三天斋戒，才能期望祖先降临。否则，就算祭品再丰盛也不会被享用。"看两位先生都如此强调，祭祀岂能忽视！古代礼仪久已荒废，现在要从我辈开始恢复。每次祭祀前十天，就移居静室，戒酒戒荤七天（散斋）。再日夜庄重，不言不笑，专心凝神三天（致斋）。有客来访，仆人会如实告知。族人愿意参与的，可以一起表达这份追念祖先的诚心，这也是修养品德的关键。我儿务必遵守实行，世代传承，不要认为这是迂腐。祭祀当天更要竭诚谨慎，事事依礼：不东张西望，不懈怠疏忽。我在宝坻时，每次祭祀都竭尽诚心，祈祷无不灵验。天人之间的感应，真是微妙啊！

每年春秋两次祭祀，都在当季第二个月择吉日举行。祭祀当天要早起，穿戴整齐，先到祠堂祝祷完毕，再依次将祖先牌位请到正厅。仪式完全遵照朱熹《家礼》的规定：始祖牌位朝南，第二代两位昭辈（父辈）朝西，两位穆辈（子辈）朝东，每一世代单独一席。旁系亲属的牌位排在后面，供品减半。上排昭穆两辈的牌位相对摆放，但不完全正对；下排昭穆两辈的牌位各稍靠后，两两相对，也不完全正对。世代交替只按上下区分尊卑，不因尊卑改变昭穆次序。传统节日都在家庙祭祀。时令物品再小也要先供奉，未供奉前子孙不能先尝。

【点评】

袁了凡讲祭祀,真正要讲的是报本。为什么需要每年两次祭祀?是为了报答生命的本源。报本,也可以说是感恩。祭祀这样的形式,在今天可能已经不太适应社会现实,但报本或感恩,仍然是人的一种美德。在孩子成长的过程里,感恩教育能够让他懂得生命的来源,懂得任何一个个体活在这个世界都不是孤立的,而是依赖多样的系统和元素,生命才得以生机勃勃。因而,要学会感恩。

汉字的"感",是"动人心"的意思,有所动,就有所感,有所感,就有所应。这是天地之间万物相互作用产生的生生不息的联系和组合。汉字的"恩",有恩惠和爱的意思,儒家也把它看作"仁",《礼记》里说:"恩者,仁也。"所谓感恩,是人与人之间,以仁爱相互回报,形成良性的动态关系。中国人讲究报恩,"滴水之恩,涌泉相报"。《诗经·大雅》里有这么一句诗："投我以桃，报之以李。"中国人讲究投桃报李、礼尚往来。

《诗经·卫风》里的《木瓜》，把感恩之情写得诗意盎然：

投我以木瓜，报之以琼琚。匪报也，永以为好也！
投我以木桃，报之以琼瑶。匪报也，永以为好也！
投我以木李，报之以琼玖。匪报也，永以为好也！

你给予我木瓜，我就拿美玉回报你。不只是感谢啊，是珍贵的情谊永远美好。

你给予我木桃，我就拿美玉回报你。不只是感谢啊，是珍贵的情谊永远美好。

你给予我木李，我就拿美玉回报你。不只是感谢啊，是珍贵的情谊永远美好。

培养孩子的感恩心，可以从以下几个方面切入：

第一，对父母感恩，最表面的当然是报答父母给予我们生命之恩以及养育之恩。出生之后，大约三年才能离开母亲的怀抱，所以，古代中国人有守丧三年的礼制。《诗经·小雅》有一首《蓼莪》："哀哀父母，生我劬劳……哀哀父母，生我劳瘁。……父兮生我，母兮鞠我。拊我畜我，长我育我。顾我复我，出入腹我。欲报之德，昊天罔极。"可怜的父母亲啊！为了生养我受尽劳苦。可怜的父母亲啊！为了生养我积劳成疾。父亲啊，生了我。母亲啊，养育我。抚慰我、爱护我、喂大我、教育我、照顾我、关怀我，出来进去抱着我。我要报答父母的恩德，父母的恩德比天还浩大。

孟郊的《游子吟》中国人都很熟悉："慈母手中线，游子身上衣。临行密密缝，意恐迟迟归。谁言寸草心，报得三春晖。"游子身上的衣服，是母亲一针一线缝出来的。临走之前，缝着一道一道紧密的针线，唯恐孩子到了外面之后迟迟不再返回故乡。小草微薄的心意,哪能报答春天阳光的恩情。比喻父母恩情的深厚,难以报答。

因为是父母给了我们这一世的生命,所以《孝经》里有一句很有名的话:"身体发肤,受之父母,不敢毁伤,孝之始也。"生命来自父母,因而爱惜自己的身体和生命,是孝的开始。爱惜身体,珍视生命,热爱生活,也是深刻的报恩,这一点往往被现代人忽略。

另一点也非常重要,子女固然要对父母感恩,父母对子女也要有感恩之心。子女来到这个世界,给予了父母再一次成长的机会,尤其是给予了父母重新认识体验生命奥秘的机会。子女、父母在彼此的感恩中,怀着对生命的敬畏,共同完成一段宝贵的人生旅程。

第二,由父母追溯到家族的传承。儒家讲"慎终追远",谨慎地办理父母的丧事,追念久远的祖先。有一种说法,一个人无论死去多久,只要有人记得他,他就还活着。不管哪个民族,都有追念祖先的方式。中国人的祭祀一般是在每年清明节，这是一种怀念和感恩。古代中国有编撰家谱的传统，建立家族传承的叙事，沉淀在一代又一代的记忆里。去自己的祖籍地，寻访祖先的遗迹，怀想来时路，是一种个人源流的追溯之旅。照片也是一种视觉记忆，在家里的墙上，把祖父母、父母，以及其他家族前辈的老照片复原，加上自己和孩子的照片，构成一面小小的照片墙，成为日常生活里随时可见的视觉记忆。

第三，由家族传承延伸到民族的历史和文化。对自己民族的历史和文化抱有温情和认同。一是通过阅读来建立，基本的历史书比如钱穆的《国史大纲》、吕思勉的《中国简史》，都是特别值得反复研读的中国历史著作。历史的叙述，不只是史料的展现，更是心境的流露。基本的经典著作像《论语》《道德经》《庄子》《孟子》《坛经》等，什么时候读都会带来新的领悟。审美教育的经典文本像《诗经》、陶渊明的诗文、唐诗宋词、《牡丹亭》、《西游记》、《红楼梦》等，值得反复体味。欧洲有朝圣路线，中国的藏传佛教也有朝圣之旅，汉文化也有自己的圣地，像泰山、庐山、天台山、曹溪、武夷山、峨眉山等，是中国的思想源流发生地，值得一去再去。时间已经消逝，但空间的山水，还有天空大地一直都在，那些伟大的思想还回荡在那里。读万卷书，行万里路，不仅是一种有效的学习方法，也是一种感恩和致敬。

第四，由民族延伸到人类。对人类的历史和文化也应该抱有温情和认同。人种有不同，但人性并没有什么差别。人类有各种文明，但文明的共同特点都是基于这样一个思考：人何以人？如何成为人？孟子认为，凡是人都有恻隐之心，看到小孩掉在井里，会毫不犹豫去援救，这是"仁"的开端；凡是人都有羞耻之心，做了对不起别人的事，会感到惭愧，这是"义"的开端；凡是人都会有辞让之心，在人际交往中懂得谦让，这是"礼"的开端；凡是人都有是非之心，知道什么是对的、什么是不对的，明白其中的是非曲直,这是"智"的开端。孟子的说法,强调了人性应该是善的,凡是恶的就是"非人",甚至禽兽不如。苏格拉底说,未经审视的人生不值得过,强调了人应该具有自由意志,拥有思考和选择的能力。

人类的历史就是一部从野蛮走向文明的历史。房龙的《人类的故事》《宽容》,尤瓦尔·赫拉利的《人类简史》,是了解人类文明进程最简洁的读本。像《黑客帝国》《星际穿越》这样的科幻电影,有助于从宇宙和无限性的角度,思考人到底何去何从。人类文明的发源地像中国的黄河流域、耶路撒冷、希腊雅典、埃及等,值得列入必去的旅行计划,在源头之处,更容易看清前路的方向。

第五,由人类延伸到大自然,延伸到更高的看不见的存在。对天地和大自然心怀感恩,因为它们赋予生命所需要的空气、阳光、水流、食物等。对无垠的宇宙,以及看不见的不可知,要心怀敬畏,看不见的比看得见的更为关键,它们构成了更为深刻的人类存在的整体和系统,就像爱因斯坦所说,在我们称之为"宇宙"的整体中,一个人只是一部分,囿于有限的时间和空间。人将自己、自己的思想与感觉体验视为独立于其他一切的东西——这是一种意识上的错觉。这种错觉对我们来说是一种牢笼,将我们局限在个人欲望和对少数人亲近的情感之中。我们的任务是扩展自己理解和同情的圈子,将所有生物和整个大自然囊括在内,从而逃脱这一牢笼。

从父母到种族、国家,到全人类,再到大自然、无限的宇宙,是返本溯源之旅,这样的旅程,会让我们真正去领悟人的本源在哪里,也会让我们对生命本身充满敬畏,更会让我们对围绕我们存在的一切心生感恩。这也许是"报本"的真正意义。

八、如何做到家和万事兴？

【译文】

治家第八

管理家庭事务，要把道德放在首位。道德没有固定形式，在日常生活中自会体现。坚持一天天践行，持续不断地做下去，不要懈怠而要始终保持，就是这样简单。我试着给你说个大概：做一件事前，先想想是否妨碍道义、损害德行，符合就做；说一句话前，先想想是否妨碍道义、损害德行，符合就说。想好了再说，考虑周全再行动，每一个眼神、每一句对答、每一次出入，都不能随便。同时还要处处圆融，事事行方便。遇到不顺心的事，应当关起门反省，自我检讨，这样家里不用立威自然就整肃了。古人说"治家要以修身为根本"，这话可不是虚言啊！

修养自身很重要，管理仆从更要紧。在仆人里选个老成忠厚的管家，推心置腹地任用，给予优厚待遇。其他仆人也不能让他们吃闲饭，按才能分配工作，每人专管一摊，田地园圃、仓库货物、车船器具都有人负责，定好规矩，定期检查，根据勤懒进行赏罚，就能事半功倍。愚笨顽劣是仆婢常情，需要反复教导，不能苛求。就算有过失，也该本着"隐恶扬善"的原则宽厚对待，一时动怒伤人，很失大体。我生性不爱责罚人，所以家里很少动用鞭打。仆人们难免懈怠，你应该适当严厉些。

治家的方法，不是用刑罚就是用礼教。刑罚和礼教的效果不同：第一，用刑罚会积累刻薄，用礼教会积累宽厚；第二，刑罚是在过错发生后惩治，礼教是在过错发生前预防；第三，刑罚只能约束表面行为，礼教却能让人心服。你能带头遵守礼法，以身作则，这是上策。万不得已要用刑罚时，也要怀着怜悯之心，明确告知过错，让他知道改正。千万不可以随口辱骂，也不能赌气发怒。就算对待鸡狗这些无知生灵，也要用慈悲心看待，不要用棍棒驱赶，不要扔石头打，不要在客人面前呵斥。我家戒杀生很久了，这是很好的传统，你要遵守。

每个人都有自己的身体，每个身体都有自己的家。佛教的出家说法，也是一种修行方法。家怎么会拖累人呢？是人自己拖累自己罢了。世人太执着于自身和家庭，私心太重，贪求无度，不仅穷人为衣食所累，就连富人也整天忙碌，不得清闲自在，实在可惜。要把自己和家庭放在天地间平等看待，不要自私算计，不要过分追求，穷时就一起吃粗茶淡饭，富时就一起享用华服车马。最近陆氏设立的义仓方法很好，应该效仿实行。田租收入除家用外，凡有剩余不论多少，都拿出来救济乡里急难。请品行端正的长者主持这事，陆氏不许子孙挪用。我倒不这样想，家里不存私财，对外救济农民，对内接济自家，本来就不分彼此。凡有需要就直接取用，但不能过度使用亏空本金。仍需向主管请示，用度全凭他决定，不能擅自动用。

【点评】

古代全是大家庭，所以所有的家训都有治家的章节。当然，也和儒家的八条目有关，《大学》里说："古之欲明明德于天下者，先治其国。欲治其国者，先齐其家。欲齐其家者，先修其身。欲修其身者，先正其心。欲正其心者，先诚其意。欲诚其意者，先致其知。致知在格物。"格物、致知、诚意、正心、修身、齐家、治国、平天下，叫八条目，是个人修身的途径，用现在的话来说，就是自我实现的途径。格物相当于求知和探索；致知相当于推演规律，反观内心；诚意相当于不欺人，也不自欺；正心相当于保持内心的安宁和清净；齐家相当于管理好自己的家庭；治国相当于治理好自己的国家；平天下相当于使得天下太平。

齐家是重要的一环。能管理好自己的家庭，才能治理好国家。袁了凡讲家庭管理，讲了四点，一是要以道德为首要，每做一件事，要想一下对"道"是否有益；二是要选择一位老实忠厚的仆人作为管家，其他的仆人要明确岗位职责；三是分析了刑罚和礼教的不同作用；四是对大众要有患难与共、有福同享的慈悲情怀，要设立救济机制，常态性地帮助有需要的人。

关于家庭管理，袁了凡并没有展开，只是说了原则性的四点。今天已经没有了大家庭，只有小家庭。我们在"齐家"这件事上，要吸取的经验是对家庭的重视，但在具体做法上，没有必要全部照搬。在现代，经营好家庭，无非要聚焦于三种关系，第一种是夫妻关系，第二种是父母和子女的关系，第三种是家庭和社会的关系。

处理好夫妻关系的要诀有两点。第一点，夫妻关系是爱情的归宿，但夫妻关系已经把纯粹的爱情转化成了世俗的契约关系，需要的是各自承担责任。你愿意承担多大的责任，就有多稳定的夫妻关系。当恋爱的激情消退，唯有契约和亲情可以维护一对有情人。

第二点，在家庭里，夫妻关系是核心。中国的传统家庭，一个弊端是把父母放在第一位，虽然结婚了，但双方原生家庭的影子还无处不在。婚姻不再是两个人之间的相爱相守，而是变成双方家族的无谓纠缠。另一个弊端是把孩子放在第一位，认为孩子是家族的继承人，是最为重要的。健康的家庭以夫妻为核心，丈夫以妻子为第一，妻子以丈夫为第一。

处理好父母和子女关系的要诀也有两点。第一点，父母对子女的责任，除了抚养之外，更重要的是帮助孩子找到自己的兴趣所在，尤其找到能够热爱一生的事业。孩子不是父母的私有财产，而是独立的生命，应该任其自己生长。第二点，今天的学校教育，已经越来越和发展中的社会现实脱节，因而家庭教育显得比以前更加重要，如何培养孩子用自己的爱好养活自己，如何培养孩子的情绪管理能力，如何培养孩子的自我重塑能力，是家庭教育三个最迫切的问题。

第二部分

《训儿俗说》原文

立志第一

汝今十四岁，明年十五，正是志学之期。须是立志求为大人。大人之学，"在明明德，在亲民，在止于至善"。此不但是孔门正脉，乃是从古学圣之规范。只为儒者谬说，致使规程不显，正脉沉埋。我在学问中，初受龙溪先生之教，始知端倪，后参求七载，仅有所省。今为汝说破。

明德不是别物，只是虚灵不昧之心体。此心体在圣不增、在凡不减，扩之不能大、拘之不能小，从有生以来，不曾生、不曾灭、不曾秽、不曾净、不曾开、不曾蔽，故曰明德。乃气禀不能拘，物欲不能蔽，万古所常明者。

汝今为童子，自谓与圣人相远，汝心中有知是知非处，便是汝之明德。但不昧了此心，便是明明德。针眼之空，与太虚之空原无二样。吾人一念之明，与圣人全体之明亦无二体。若观圣人作清虚皎洁之相，观己及凡人作暗昧昏垢之相，便是着相。今立志求道，如不识此本体，更于心上生心，向外求道，着相用功，愈求愈远。此德本明，汝因而明之，无毫发可加，亦无修可证，是谓明明德。

然明德不是一人之私，乃与万民同得者，故又在亲民。以万物为一体则亲，以中国为一家则亲。百姓走到吾面前，视他与自家儿子一般，故曰如保赤子。此是亲民真景象。汝今未做官，无百姓可管，但见有人相接，便要视他如骨肉则亲，敬他如父母则亲。倘有不善，须生恻然怜悯之心，可训导则多方训导，不可训导则负罪引慝以感动之。即未必有实益及人，立志须当如此。

然明德亲民不可苟且，故又在止至善。如人在外，不行路不能到家，若守路而不舍，终无入门之日。如人觅渡，不登舟不能过河，若守舟而不舍，岂有登岸之期？今立志求道，不学则不能入道。若守学而不舍，岂有得道之理？故既知学，须知止。止者无作之谓。道理本是现成，岂烦做作？岂烦修造？但能无心，便是究竟。《易》曰："继之者善。"善是性中之理，至善乃是极则尽头之理。如人行路，若到极处，便无可那移，无可趋向，自然要止矣。故止非至善，何由得止？至善非止，何以见至善？

此德明朗，犹如虚空。举心动念，即乖本体。我亲万民，博济功德，本自具足，不假修添。遇缘即施，缘息即寂。若不决定信此是道，而欲起心作事，以求功用，皆是梦中妄为。

明德、亲民、止至善，只是一件事。当我明明德时，便不欲明明德于一身，而欲明明德于天下。盖古大圣大贤，皆因民物而起恻隐，因恻隐而证明德。故至诚尽性时，便合天地民物一齐都尽了。当明德亲民时，便不欲着相驰求，专欲求个无求无着。故先欲知止，先知此止，然后依止修行。依止而修，是即无修。修而依止，是以无修为修。无修为修，是全性起修；修即无修，是全修在性。大率圣门人道，只有性教二途。真心不昧，触处洞然。不思而得、不勉而中者，性也。先明乎善而后实造乎理者，教也。今人认工夫为有作，而欲千修万炼、勤苦求成者，此是执教。认本体为现成，而谓放任平怀为极则者，此是执性。二者皆非中道也。须先识性体，然后依性起教，方才不错。

敦伦第二

《中庸》以五伦为达道，乃天下古今之所通行，终身所不可离者。明此是大学问，修此是大经纶。五伦之中，造端乎夫妇。《易》首"乾坤"，《诗》始《关雎》，王化之原，实基于衽席。且道无可修，只莫染污。闺门之间，情欲易肆，能节而不流，则去道不远矣。夫妇之道，惟是有别。故禁邪淫为最，可以养德，可以养福，切宜戒之。

有夫妇然后有父子，爱敬父母，正是童子急务。汝幼有至性，颇竭孝思，第须要之于道。倘此志不同，此学各别，即称纯孝，终是血肉父子。今当以父母为严君，养吾真敬，使慢易之私不形；求父母之顺豫，养吾真爱，使乐易之容可掬。常敬常爱，即是礼乐不斯须去身，即是致中和之实际。以此事君，则为忠臣；以此事长，则为悌弟。无时无处而不爱敬，则随在感格，可通神明。

昔杨慈湖游象山之门，未得契理，归而事父。一日父呼其名，恍然大悟，作诗寄象山云："忽承父命急趋前，不觉不知造深奥。"即承欢奉养，可以了悟真诠，故洒扫应对，可以精象入神，乃是实事。

有父子然后有兄弟，吾生汝一人，原无兄弟。然合族之人，长者是兄，幼者是弟，皆祖宗一体而分。即天祐、天与，吾既收养，便是汝之亲弟兄。昔浦江郑氏，其初兄弟二人，犹在从堂之列，因一人有死亡之祸，一人极力救之获免，遂不忍分居。盖因患难真情感激，共爨数百年，累朝旌其门，为天下第一家。前辈称其有过于王侯之福。

吾家族属不多，自吾罢宦归田，卜居于此，族人皆依而环止。今拟岁中各节遍会族人，正月初一外，十五为灯节，三月清明、五月端午、六月六日、七月七日、八月中秋、九月重阳、十月初一、十一月冬至。远者亦遣人呼之，来不来唯命。此会非饮酒食肉，一则恐彼此间隔，情意疏而不通；二则有善相告，有过相规，即平日有间言，亦可从容劝谕，使相忘于杯酒间。汝当遵行毋怠。

五服之制，先王称情而立。大凡伯叔期功之服，皆不可废，庶成礼义之家。兄弟相疏，皆起于妇人之言。凡稍有丈夫气者，初时亦必不听，久久浸润，积羽沉舟，非至明者不能察也。切须戒之。

语云："君臣之义，无所逃于天地之间。"不论仕与隐，皆当以尊君报国为主。凡我辈今日得饱食暖衣、悠优田里者，皆吾皇之赐也，岂可不知感激？他日出仕，须要以勿欺为本。勿欺，所谓忠也。上疏陈言，世俗所谓气节。然须实有益于社稷生民则言之，若昭君过以博虚名，切不可蹈此敝辙。孔子宁从讽谏，其意最深。

至于朋友之交，切宜慎择。苟得其人，可以研精性命，可以讲究文墨，可以排难解纷。须要虚己求之，委心待之，勿谓末俗风微，世鲜良友。取人以身，乃是格论。门内有君子，门外君子至。只如馆中看文，我先以直施，彼必以直报。日尝相与，我先以厚施，彼必以厚报。常愧先施之未能，勿患哲人之难遇。又交友之道，以信为主，出言必吐肝胆，谋事必尽忠诚，宁人负我，毋我负人。纵遇恶交相侮，亦当自反自责，勿向人轻谈其短。至嘱。

五典本自天秩，凡相处间，不可参一毫机智。须纯肠实意，盎然天生，斯谓之敦。《中庸》"修道以仁"，亦是此意。昔有人以忠孝自负者，有禅师语之曰："即使五伦克尽，无纤毫欠缺，自孔子言之，只是民可使由之，非豪杰究竟事也。"今忠臣孝子，世或有之，然不闻道，终是行之而不著、习矣而不察，是故以立志求道为先。孟宗之笋、王祥之鱼，皆从真心感召。宋谢述随兄纯在江陵，纯遇害，述奉丧还都，中途遇暴风，纯丧舫漂流不知所在，述乘小舟寻求。嫂谓曰："小郎去必无反，宁可存亡俱尽耶？"述号泣曰："若安全至岸，尚须营理。如其变出意外，述亦无心独存。"因冒浪而进，见纯丧几没。述号泣呼天，幸而获免。咸以为精诚所致。此所谓笃行也。学不到此，终是假在，即修饰礼貌，向外周旋，徒令人作伪耳。

事师第三

子生十年，则就外傅，礼也。事师有常仪，不可不习。

一者每朝当早起。古人鸡初鸣则盥漱，趋父母之侧。汝从来娇养，不能与鸡俱兴，然亦不可太晏，致使师起而不出。二者诣师户外，必微咳一声，勿卒暴而入。三者蚤入当问安。四者师有所须，当如教办给。五者粥饭茶汤，当嘱家僮应时供送，迟则催之，遇见则亲阅而亲馈之。六者师有所谈，当虚怀听教，讲书则字字详察，讲课则舍己从人，勿执己见而轻慢师长。七者远见师来则起，师至则拱手侍立，须起敬心，出而随行，勿践其影。八者师或无礼相责，必默然顺受，不可出声相辨。九者勿见师过，人或来告，必解说掩覆之。十者夜间呼童预整卧具，或亲视之。师眠当周旋掩覆之。昔林子仁登科后，事王心斋为师，亲提夜壶，服役尽礼。近日冯开之亦命其子提壶事师。此皆前辈懿行，可以为法。

事师之道，全在虚心求益。倘能随处求益，则三人同行，必有我师。若执己自是，则圣人与居，亦不能益我。舜好问好察迩言，当时之人，岂复有浚哲文明过于舜者？惟问不遗蒭荛，则人人皆可师；惟察不遗迩言，则言言皆至教。汝能有而若无、实而若虚，能受一切世人之益，能使一切世人皆可为师，方是大人家法。

处众第四

弟子之职,不独亲仁,亦当爱众。盖亲民原是吾儒实学,故一切众人,皆当爱敬。孟子曰:"仁者爱人,有礼者敬人。"所谓爱人者,非拣好人而爱之也。仁者无不爱,善人固爱,恶人亦爱,如水之流,不择净秽,周遍沦洽,故曰泛爱。问:既如此,何故说仁者能恶人?曰:民吾同胞。君子本心,只有好无恶,惟其间有伤人害物、戕吾一体之怀者,故恶之。是为千万人而恶,非私恶也。去一人而使千万人安,吾如何不去?杀一人而使千万人惧,吾如何不杀?故放流诛戮,纯是一段恻隐之心流注,总是爱人。此惟仁者能之,而他人不与也。识得此意,纵遇恶人相侮,自无纤毫相碍。孟子三自反之说,最当深玩。吾肯真心自反,即处人十分停当,岂肯自以为仁、自以为礼、自以为忠?彼愈横逆,吾愈修省,不求减轻、不求效验,所谓终身之忧也。一可磨炼吾未平之气,使冲融而茹纳。二可修省吾不见之过，使砥砺而精莹。三可感激上天玉成之意，使灾消而福长。汝今后与人相处，遇好人敬之如师保，一言之善，一节之长，皆记录而服膺之，思与之齐而后已。遇恶人切莫厌恶，辄默默自反："如此过言、如此过动，吾安保其必无？"又要知世道衰微，民散已久，过言过动是众人之常事，不惟不可形之于口，亦不可存之于怀。汝但持正，则恶人自远，善人自亲。汝父德薄，然能包容，人有犯者，不相较量，亦不复记忆。汝当学之。

《易》曰："地势坤，君子以厚德载物。"夫持之而不使倾，捧之而不使坠，任其践蹈而不为动，斯之谓载。今之人，至亲骨肉，稍稍相拂，便至动心，安能载物哉！《中庸》亦云："博厚所以载物也，高明所以覆物也。"人只患德不博厚、不高明耳。须要宽我肚皮，廓吾德量，如闻过而动气，见恶而难容，此只是隘。有言不能忍，有技不能藏，此只是浅。勉强学博，勉强学厚，天下之人皆吾一体，皆吾所当负荷而成就之者。尽万物而载之，亦吾分内，不局于物则高，不蔽于私则明。吾苟高明，自能容之而不拒，被之而不遗，此皆是吾人本分之事，不为奇特。汝遇一切人，皆思载之覆之，胸中勿存一毫怠忽之心，勿起一毫计较之心，自然日进于博厚高明矣。

《易》曰："君子能通天下之志。"昔子张问达，正欲通天下之志也。夫子告之曰："质直而好义，察言而观色，虑以下人。"大凡与人相处，文则易忌，质则易平，曲则起疑，直则起信。故以质直为主，坦坦平平，率真务实，而又好行义事，人谁不悦？然但能发己自尽而不能狥物无违，人将拒我而不知，自以为是而不耻，奚可哉！故又须察人之言，观人之色，常恐我得罪于人，而虑以下之，只此便是实学。亲民之道，全要舍己从人，全要与人为等，全要通其志而浸灌之，使彼心肝骨髓皆从我变易。此等处，岂可草草读过！处众之道，持己只是谦，待人只是恕。这便终身可行。凡与二人同处，切不可向一人谈一人之短。

人有短,当面谈。又须养得十分诚意,始可说二三分言语。若诚意未孚,且退而自反。即平常说话,凡对甲言乙,必使乙亦可闻,方始言之。不然,便犯两舌之戒矣。

老者安,朋友信,少者怀。天下只有此三种人。凡长于汝者,皆所谓老者也。《曲礼》曰:"年长以倍,则父事之。十年以长,则兄事之。五年以长,则肩随之。"又曰:"见父之执,不谓之进,不敢进。不谓之退,不敢退。不问不敢对。"又曰:"父之齿随行,任轻则并之,任重则分之。"谦卑逊顺,求所以安其心而不使之动念;服劳奉养,求所以安其身而不使之倦勤,皆当曲体而力行者也。

同辈即朋友,有亲疏善恶不齐,皆当待之以诚。下于汝者,即少者也,当怀之以恩。御童仆,接下人,偶有过误,不得动色相加,秽言相辱。须从容以礼谕之,谕之不改,执而杖之。必使我无客气,彼受实益,方为刑不虚用。《书》曰:"毋忿嫉于顽。"彼诚顽矣，我有一毫忿心，则其失在我，何以服人？故未暇治人之顽，先当平己之忿，此皆是怀少之道，切须记取。

修业第五

进德修业，原非两事。士人有举业，做官有职业，家有家业，农有农业，随处有业。乃修德日行，见之行者。善修之，则治生产业，皆与实理不相违背。不善修，则处处相妨矣。汝今在馆，以读书作文为业。

修业有十要：

一者要无欲。使胸中洒落，不染一尘，真有必为圣贤之志，方可复读圣贤之书，方可发挥圣贤之旨。

二者要静。静有数端：身好游走，或无事闲行，是足不静。好博奕呼胪，是手不静。心情放逸，恣肆攀缘，是意不静。切宜戒之。

三者要信。圣贤经传，皆为教人而设，须要信其言言可法，句句可行。中间多有拖泥带水有为着相之语，皆为种种病人而发。人若无病，法皆可舍，不可疑之。入道之门，信为第一。若疑自己不能作圣，甘自退屈，或疑圣言不实，未肯遵行，纵修业，无益也。

四者要专。读书须立定课程，孳孳汲汲，专求实益。作文须凝神注意，勿杂他缘。种种外务，尽情抹杀。勿好小技，使精神漏泄。勿观杂书，使精神常分。

五者要勤。自强不息，天道之常。人须法天，勿使惰慢之气设于身体。昼则淬砺精神，使一日千里。夜则减省眠睡，使志气常清。周公贵无逸，大禹惜寸阴，吾辈何人，可以自懈？

六者要恒。今人修业，勤者常有，恒者不常有。勤而不恒，犹不勤也。涓涓之流可以达海，方寸之芽可以参天，惟其不息耳。汝能有恒，何高不可造、何坚不可破哉！

七者要日新。凡人修业，日日要见工程。如今日读此书，觉有许多义理，明日读之，义理又觉不同，方为有益。今日作此文，自谓已善，明日视之，觉种种未工，方有进长。如蘧伯玉二十岁知非改过，至二十一岁回视昔之所改，又觉未尽。直至行年五十，犹知四十九年之非，乃真是寡过的君子。盖读书作文与处世修行，道理原无穷尽，精进原无止法。昔人喻检书如扫尘，扫一层，又有一层。又谓一翻抬动一翻新，皆实话也。

八者要逼真。读书俨然如圣贤在上，觌面相承，问处如自家问，答处如圣贤教我，句句消归自己，不作空谈。作文亦身体而口陈之，如自家屋里人谈自家屋里事，方亲切有味。

九者要精。管子曰："思之思之，又重思之。思之不通，鬼神将通之。非鬼神之力，精神之极也。"《吕氏春秋》载孔丘、墨翟昼日讽诵习业，夜亲见文王、周公，思而问焉，用志如此其精也。唐史载赵璧弹五弦，人问其术，璧云："吾之于五弦也，始则心驱之，中则神遇之，终则天随之。吾方浩然，眼如耳，耳如鼻，不知五弦之为璧、璧之为五弦也。"学者必如此，乃可语精矣。

十者要悟。志道、据德、依仁，可以已矣，而又曰游于艺，何哉？艺一也，溺之而不悟，徒敝精神。游之而悟，则超然于象数之表，而与道德性命为一矣。昔孔子学琴于师襄，五日而不进，师襄曰："可以益矣。"孔子曰："丘得其声矣，未得其数也。"又五日，曰："丘得其数矣，未得其理也。"又五日，曰："丘得其理矣，未得其人也。"又五日，曰："丘知其人矣。其人颀然而长，黝然而黑，眼如望羊，有四国之志者，其文王乎？"师襄避席而拜曰："此文王之操也。"夫琴，小物也，孔子因而知其人，与文王觌面相逢于千载之上，此悟境也。今诵其诗，读其书，不知其人，可乎？到此田地，方知游艺有益，方知器数无妨于性命。

崇礼第六

礼仪三百，威仪三千，皆是儒家实事。儒教久衰，礼仪尽废，程伯子见释徒会食井井有法，叹曰："三代威仪，尽在于此。"吾晚年得汝，爱养慈惜，不以规绳相督。今汝当成人之日，宜以礼自闲。礼之大者，如冠婚丧祭之属，有《仪礼》一书及先儒修辑《家礼》等书，可斟酌行之。且以日用要节画为数条，切宜谨守。

一曰视，二曰听，三曰行，四曰立，五曰坐，六曰卧，七曰言，八曰笑，九曰洒扫，十曰应对，十一曰揖拜，十二曰授受，十三曰饮食，十四曰涕唾，十五曰登厕。

孔子教颜回四勿，以视为先。孟子见人，先观眸子。故视不可忽。邪视者奸，故视不可邪。直视者愚，故视不可直。高视者傲，故视不可高。下视者深，故视不可下。《礼经》教人，尊者则视其带，卑者则视其胸，皆有定式。遇女色，不得辄视。见人私书，不得窥视。凡一应非礼之事，皆不可辄视。

凡听人说话，宜详其意，不可草率。语云："听思聪。"如听先生讲书，或论道理，各从人浅深而得之，浅者得其粗，深者得其精，安可不思聪哉！今人听说话，有彼说未终而辄申己见者，此粗率之极也。听不可倾头侧耳，亦不可覆壁倚门。凡二三人共语，不可窃听是非。

凡行，须要端详次第。举足行路，步步与心相应，不可太急，亦不可太缓。不得猖狂驰行，不得两手摇摆而行，不得跳跃而行，不得蹈门阈，不得共人挨肩行，不得口中啮食行，不得前后左右顾影而行，不得与醉人狂人前后互随行。当防迅车驰马，取次而行。若遇老者、病者、瞽者、负重者、乘骑者，即避道傍，让路而行。若遇亲戚长者，即避立下肩，或先意行礼。

凡立次须要端正。古人谓"立如斋"，欲前后襜如，左右斩如，无倾侧也。不得当门中立，不得共人牵手当道立，不得以手叉腰立，不得侧倚而立。

凡坐欲恭而直，欲如奠石，欲如槁木，古人谓"坐如尸"是也。不得箕坐，不得䇯坐，不得跷足坐，不得摇膝，不得交胫，不得动身。

凡卧，未闭目，先净心，扫除群念，惺然而息，则夜梦恬愉，不致暗中放逸。须封唇以固其气，须调息以潜其神。不得常舒两足卧，不得仰面卧，所谓"寝不尸"也。亦不得覆身卧。古人多右胁着席，曲膝而卧。

宋儒有云："凡高声说一句话，便是罪过。"凡人言语，要常如在父母之侧，下气柔声。又须任缘而发，虚己而应，当言则言，当默则默。言必存诚，所谓"谨而信"也。当开心见诚，不得含糊，令人不解。不得恶口，不得两舌，不得妄语，不得绮语。切须戒之。

一嚬一笑，皆当慎重。不得大声狂笑，不得无缘冷笑，不得掀喉露齿。凡呵欠大笑，必以手掩其口。

洒扫原是弟子之职，有十事须知。一者先卷门帘，如有圣像，先下厨幔。二者洒水要均，不得厚薄。三者不得污溅四壁。四者不得足蹈湿土。五者运帚要轻。六者扫地当顺行。七者扫令遍净。八者扱时当以箕口自向。九者不得存聚，当分择弃除。十者净拭几案。

应对之节，要心平气和，不得闻呼不应，不得高呼低应，不得惊呼怪应，不得违情怒应，不得隔屋咤声呼应。凡拜见尊长，问及来历，或正问，或泛问，或相试，当识知问意，或宜应，或不宜应。昔王述素有痴名，王导辟之为掾，一见，但问江东米价，述张目不答。导语人，曰："王郎不痴。"此不宜答而不答也。或问及先辈，切不可辄称名号。如马永卿见司马温公，问："刘某安否？"马应云："刘学士安。"温公极喜之，谓："后生不称前辈表德，最为得体。"此等处，皆应对之所当知者也。

凡揖拜须先两足并齐，两手相叉当心，然后相让而揖。不可太深，不可太浅。揖则不得回头相顾，拜则先屈左足，次屈右足。起则先右足，以两手枕于膝上而起。古礼有九拜之仪，今不悉也。凡遇长者，不得自己在高处向下作礼。见长者用食未辍，不得作礼。如长者传命特免，不得强为作礼。如遇逼窄之地，长者不便回礼，须从容取便作礼。

凡授物与人，向背有体。如授刀剑，则以刃自向。授笔墨，则以执处向人。《曲礼》中"献鸟者佛其首，献车马者执策绥，献甲者执胄，献杖者执末，献民虏者操右袂，献粟执右羹，献米者操量鼓，献热食者操酱齐，献田宅者操书致。凡遗人弓者，张弓尚筋，弛弓尚角，右手执箫，左手承弣，尊卑垂悦。若主人拜，则客还辟，辟拜。主人自受，由客之左接下承弣，乡与客并，然后受。进剑者，左首。进戈者前其镦，后其刃。进矛戟者，前其镦。进几杖者，拂之。效马效羊者，右牵之。效犬者，左牵之。执禽者，左首。饰羔雁者以绩,受珠玉者以掬,受弓剑者以袂,饮玉爵者弗挥。凡以弓剑苞苴箪笥问人者,操以受命,如使之容。"此段可记也。受人之物,最宜慎重。执虚如执盈,执轻如执重,不可忽也。

如沐时以巾授尊长,亦有五事须知:一者须当抖擞之;二者当两手托巾两头;三者不得太近太远,相离二尺许;四者冬则两手展巾,近炉烘暖;五者尊长用毕,仍置常处。其余诸类,皆当据此推之。

饮食乃日用之需,不可拣择美恶、肥浓、甘脆,或至伐胃。箪瓢蔬食,可以怡神,须当存节食之意。不得仰面食,不得曲身食。与人同食,不可自拣精者。客未食,不敢先食。食毕,不敢后。不得急喉食,不得颊食,不得遗粒狼藉,不得怒食,不得缩鼻食,不得嚼食有声,不得向人语话。将口就食失之贪,将食就口失之倨,皆宜戒之。食毕漱口,不得大向,令人动念。

涕唾理不可忍,亦不可数,但不得已,必酌其宜,不得对客涕唾，不得于正厅涕唾，不得向人家静室内涕唾，不得于房壁上涕唾，不得当道净地上涕唾，不得于生花草上涕唾，不得于溪泉流水涕唾，当于隐僻处方便行之，勿触人目。

登厕亦有十事：一者当行即行，不得急迫，左右顾视；二者厕上有人，当少待，不得故作声迫促之；三者当高举衣而入；四者入厕当微咳一声；五者厕上不得共人语笑；六者不可涕唾于厕中；七者不得于地上壁上划字；八者不得频低头返视；九者不得遗秽于厕椽上；十者毕当濯手，方持物。

以上数条，特其大概。汝真有志，三千之仪，皆可据此推广。智及仁守，大本已正。然必临之以庄，动之以礼，方为尽善。故礼虽至卑，崇之可以发育万物，峻极于天，勿视为末节而忽之也。

报本第七

伊川先生云："豺獭皆知报本。士大夫乃忽此，厚于奉养而薄于先祖，奚可哉！"甘泉先生曰："祭，继养也。祖父母亡而子孙继养不逮，故为春秋忌祭，以继其养。然祖考之神，尤有甚于祖考之存时。故七日戒、三日斋，方望其来格。不然，虽丰牲不享也。"观二先生之言如此，祭其可忽哉！古礼久不行，今自我复之。每遇祭，前十日，即迁坐静所，不饮酒茹荤，为散斋七日。又夙夜丕显，不言不笑，专精聚神，为致斋三日。有客至门，仆辈以诚告之。族人愿行此者，相与共为此追远之诚，亦养德之要。吾儿务遵行之，传之世世，勿视为迂也。祭之日，尤须竭诚尽慎，事事如礼，勿盱视，勿怠荒。我在宝坻，每祭必尽诚，祷无不验。天人相与之际，亦微矣哉！

每岁春秋二祭，皆用仲月卜日行事。祭之日，夙兴，具衣冠，谒祠祝过，遂以次奉神主于正寝。其仪一遵朱子《家礼》。始祖南向,二昭西向,二穆东向,每世一席。附位列于后,食品半之。上昭穆相向,不正相对。下昭穆各稍后,两向,亦不正对。易世但以上下为尊卑,不以尊卑为昭穆。俗节各就家庙行之。时物虽微必献,未献,子孙不得先尝。

治家第八

治家之事，道德为先。道德无端，起于日用。一日作之，日日继之，毋怠惰而常新焉，如是而已。吾为汝试言其概。如行一事，必思于道无妨，于德无损，即行之。如出一言，必思于道无妨，于德无损，即出之。拟之而后言，议之而后动，凡一视一听、一出一入，皆不可苟。又要处处圆融，尘尘方便。凡遇拂逆，当闭门思过，反躬自责，则闺门之内，不威而肃矣。古人谓齐家以修身为本，岂虚哉！

修身要矣，御人急焉。群仆中择一老成忠厚者管家，推心任之，厚廪养之。其余诸仆，亦不可使无事而食，量才器使，人有专业，田园仓库、舟车器用各有所司，立定规矩，时为省试，因其勤惰而赏罚之，则事省而功倍矣。至顽至蠢，婢仆之常，须反复晓谕，不可过求。纵有不善，亦宜以隐恶扬善之道宽厚处之，一念伤慈，甚非大体。我性不喜责人，故家庭之内，鞭朴常弛，僮仆多懒。汝宜稍加振作。

齐家之道，非刑即礼。刑与礼，其功不同。用刑则积惨刻，用礼则积和厚，一也。刑惩于已然之后，礼禁于未然之先，二也。刑之所制者浅，礼之所服者深，三也。汝能动遵礼法，以身率物，斯为上策。不得已而用刑，亦须深存恻隐之心，明告其过，使之知改。切不可轻口骂詈，亦不可使气怒人。虽遇鸡犬无知之物，亦等以慈心视之，勿用杖赶逐，勿抛砖击打，勿当客叱斥。我家戒杀已久，此最美事，汝宜遵之。

人各有身，身各有家。佛氏出家之说，亦方便法门也。家何尝累人，人自累耳。世人认定身家，私心太重，求望无穷，不特贫者有衣食之累，虽富者亦终日营营，不得清闲自在，可惜也。须将此身此家放在天地间平等看去，不作私计，无为过求，贫则蔬食菜羹可以共饱，富则车马轻裘可以共敝。近日陆氏义仓之设，其法甚善，当仿而行之。田租所入，除食用外，凡有所余，不拘多寡，悉推之以应乡人之急。请行谊老成者主其事。陆氏不许子孙侵用，我则不然。家无私蓄，外以济农，内以自济，原无彼我。凡有所需，即取而用之，但不得过用亏本。仍禀主计者，应用悉凭裁夺，不得擅自私支。

附 录

《庭帏杂录》
（节选）

原文

上

《传》称,孔子家儿不知骂,曾子家儿不知怒,生而善教也。汝祖生平不喜责人,每僮仆有过,当刑辄与汝祖母私约:"我执杖往,汝来劝止,我体其意。"终身未尝以怒责仆,亦未尝骂仆。汝曹识之。

汝曾祖菊泉先生尝语我云:"吾家世不干禄仕,所以历代无显名。然忠信孝友,则世守之,第令子孙不失家法,足矣!"即读书,亦但欲明理义,识古人趣向,若富贵则天也。

凡言语、文字,与夫作事、应酬,皆须有涵蓄,方有味。说话到五七分便止,留有余不尽之意,令人默会;作事亦须得五七分势便止。若到十分,如张弓然，过满则折矣。

《记》称："吊丧不能赙，不问其所费；问疾不能馈，不问其所欲；见人不能馆，不问其所舍。"此言最尽物情。故张横渠谓物我两尽，自《曲礼》入，非虚言也。汝辈处世，宜一一据此推广，如见讼不能解，不问其所由；见灾不能恤，不问其所苦；见穷不能赈，不问其所乏。

问："天下事皆重根本而轻枝叶。《记》称，天下有道则行有枝叶，无道则词有枝叶。岂行贵枝叶乎？"父曰："枝叶从根本而出，邦有道，则人务实，故精神畅于践履；无道，则人尚虚，故精神畅于词说。"

（以上男袁衷录）

宋儒教人，专以读书为学，其失也俗。近世王伯安，尽扫宋儒之陋，而教人专求之言语、文字之外，其失也虚。观子路曰"何必读书然后为学"，则孔门亦尝以读书为学，但须识得本领工夫，始不错耳。孟子曰："学问之道无他，求其放心而已矣。"求放心是本领，学问是枝叶。

作文、句法、字法，要当皆有源流。诚不可不熟玩古书，然不可蹈袭，亦不可刻意摹拟，须要说理精到，有千古不可磨灭之见，亦须有关风化，不为徒作，乃可言文。若规规摹拟，则自家生意索然矣。

士之品有三。志于道德者为上，志于功名者次之，志于富贵者为下。近世人家生子，禀赋稍异，父母师友即以富贵期之。其子幸而有成，富贵之外，不复知功名为何物，况道德乎！吾祖生吾父，岐嶷秀颖，吾父生吾，亦不愚，然皆不习举业，而授以五经古义。生汝兄弟，始教汝习举业，亦非徒以富贵望汝也。伊周勋业、孔孟文章，皆男子常事，位之得不得在天，德之修不修在我。毋弃其在我者，毋强其在天者。欲洁身者必去垢，欲愈疾者必求医。昔曹子建文字好人讥弹，应时改定，岂独文艺当尔哉！进德修业皆当如此。

当理之言，人未必信，修洁之行，物或相猜。是以至宝多疑，荆山有泪。

比邻沈氏，世仇予家。吾母初来，吾弟兄尚幼，吾家有桃一株，生出墙外，沈辄锯之。予兄弟见之，奔告吾母，母曰："是宜然！吾家之桃，岂可僭彼家之地！"沈亦有枣，生过予墙。枣初生，母呼吾弟兄，戒曰："邻家之枣，慎勿扑取一枚！"并诫诸仆为守护。及枣熟，请沈女使至家而摘之，以盒送还。吾家有羊，走入彼园，彼即扑死。明日彼有羊窜过墙来，群仆大喜，亦欲扑之，以偿昨憾。母曰："不可！"命送还之。沈某病，吾父往诊之，贻之药。父出，母复遣人告群邻曰："疾病相恤，邻里之义。沈负病，家贫，各出银五分以助之。"得银一两三钱五分。独助米一石，由是沈遂忘仇感义，至今两家姻戚往还。古语云，天下无不可化之人，谅哉！

有富室娶亲，乘巨舫自南来，经吾门，风雨大作，舟触吾家船坊，倒焉。邻里共捽其舟人，欲偿所费。吾母闻之，问曰："媳妇在舟否？"曰："在舟中!"因遣人谢诸邻曰:"人家娶妇,期于吉庆,在路若赔钱,舅姑以为不吉矣。况吾坊年久,积朽将颓,彼舟大风急,非力所及,幸宽之。"众从命。

吾母爱吾兄弟,逾于己出。未寒思衣,未饥思食,亲友有馈果馔,必留以相饲。既娶妇,依然煦育,无异韶龀也。吾妇感其殷勤,泣语予曰:"即亲生之母,何以逾此!"妻家或有馈,虽甚微尠,不敢私尝,必以奉母。一日,偶得鳜,妇亲烹,命小僮胡松持奉。松私食之。少顷,妇见姑,问曰:"鳜堪食否?"姑愕然良久,曰:"亦堪食!"妇疑,退而鞫松,则知其窃食状。复走谒姑曰:"鳜不送至而曰堪食,何也?"吾母笑曰:"汝问鳜则必献,吾不食则松必窃。吾不欲以口腹之故,见人过也。"其厚德如此。

(以上男袁襄录)

下

六朝颜之推，家法最正，相传最远。作《颜氏家训》，谆谆欲子孙崇正教，尊学问。宋吕蒙正，晨起辄拜天，祝曰："顾敬信三宝者，生于吾家！"不特其子公著为贤宰相，历代诸孙，如居仁、祖谦辈，皆闻人贤士，此所当法也。

起非分之思，开无谓之口，行无益之事，不如其已！

可爱之物，勿以求人；易犯之愆，勿以禁人；难行之事，勿以令人。

终日戴天，不知其高，终日履地，不知其厚，故草不谢荣于雨露，子不谢生于父母。有识者，须反本而图报，勿贸贸焉已也。

语云：斛满，人概之；人满，神概之。此良言也。智周万物，守之以愚；学高天下，持之以朴；德服人群，莅之以虚；不待其满，而常自概之。虽鬼神无如吾何矣。

见精，始能为造道之言；养盛，始能为有德之言。其见卑而言高，与养薄而徒事造语者，皆典谟风雅之罪人也。

夏雨初霁，槐阴送凉。父命吾兄弟赋诗。余诗先成，父击节称赏。时有惠葛者，父命范裁缝制服赐余，而吾母不知也。及衣成，服以入谢，母询知其故，谓余曰："二兄未服，汝何得先！且以语言文字而遽享上服，将置二兄于何地！"褫衣藏之，各制一衣赐二兄，然后服。

（以上男袁襄录）

吾父不问家人生业，凡薪菜交易，皆吾母司之。秤银既平，必稍加毫厘，余问其故，母曰："细人生理至微，不可亏之。每次多银一厘，一年不过分外多使银五六钱。吾旋节他费补之，内不损己，外不亏人，吾行此数十年矣！儿曹世守之，勿变也！"

余幼颇聪慧,母欲教习举子业,父不听,曰:"此儿福薄,不能享世禄。寿且不永,不如教习六德六艺,作个好人。医可济人,最能种德,俟稍长,当遣习医!"余十四岁,五经诵遍,即遣游文衡山先生之门,学字学诗。既毕姻,授以古医经,令如经史,潜心玩之。且嘱余曰:"医有八事须知。"余请问,父曰:"志欲大而心欲小,学欲博而业欲专,识欲高而气欲下,量欲宏而守欲洁。发慈悲恻隐之心,拯救大地含灵之苦,立此大志矣。而于用药之际,兢兢以人命为重,不敢妄投一剂,不敢轻试一方,此所谓小心也。上察气运于天,下察草木于地,中察情性于人,学极其博矣。而业在是,则习在是。如承蜩,如贯虱,毫无外慕,所谓专也。穷理养心,如空中朗月,无所不照,见其微而知其著,察其迹而知其因,识诚高矣。而又虚怀降气,不弃贫贱,不嫌臭秽,若恫瘝乃身,而耐心救之,所谓气之下也。遇同侪相处,己有能则告之,人有善则学之,勿存形迹,勿分尔我，量极宏矣。而病家方苦，须深心体恤，相酬之物，富者资为药本，贫者断不可受，于合室皱眉之日，岂忍受以自肥！戒之戒之！"

（以上男袁裳录）

古人慎言，不但非礼勿言也。《中庸》所谓庸言，乃孝弟忠信之言，而亦谨之。是故万言万中，不如一默。

童子涉世未深，良心未丧，常存此心，便是作圣之本。

癸卯除夕家宴，母问父曰："今夜者，今岁尽日也。人生世间，万事皆有尽日，每思及此，辄有凄然遗世之想。"父曰："诚然！禅家以身没之日为腊月三十日，亦喻其有尽也。须未至腊月三十日而预为整顿，庶免临期忙乱耳。"母问："如何整顿？"父曰："始乎收心，终乎见性。"予初讲《孟子》，起对曰："是学问之道也。"父颔之。

余幼学作文，父书"八戒"于稿簿之前，曰："毋剿袭，毋雷同，毋以浅见而窥，毋以满志而发，毋以作文之心而妄想俗事，毋以鄙秽之念而轻测真诠，毋自是而恶人言，毋倦勤而怠己力。"

"韩退之《符读书城南》诗，专教子取富贵，识者陋之。吾今教尔曹正心诚意，能之乎？"予应曰："能！"问："心若何而正？"对曰："无邪即正。"问："意若何而诚？"曰："无伪即诚。"叱曰："此口头虚话！何可对大人！须实思，其何以正，何以诚，始得！"余瞿然有省。

诗文有主有从。文以载道，诗以道性情。道即性情，所谓主也，其文词，从也。但使主人尊重，即无仆从可以遗世独立而蕴藉有余。今之作文者，类有从无主，鏊挩徒饰，而实意索然，文果如斯而已哉。

毋以饮食伤脾胃，毋以床笫耗元阳，毋以言语损现在之福，毋以田地造子孙之殃，毋以学术误天下后世。

（以上男袁表录）

遇四时佳节，吾母前数日造酒以祭，未祭，不敢私尝一滴也。临祭，一牲一菜皆洁诚专设，既祭，然后分而享之。尝语予曰："汝父年七十，每祭未尝不哭，以不逮养也。汝幼而无父，欲养无由，可不尽诚于祀典哉。"

每遇时物，虽微必献。未献，吾辈不敢先尝。

四兄善夜坐，尝至四鼓。余至更余辄睡，然善蚤起。四兄睡时母始睡，及吾起，母又起矣，终夜不得安枕，鞠育之苦所不忍言。

二兄移居东墅，予与四兄从之学。家僮名阿多者送吾二人至馆，及归，见路旁蚕豆初熟，采之盈襟。母见曰："农家待此以食，汝何得私取之！"命付米一升偿其直。四兄闻而问母曰："娘虽付米，阿多必不偿人。"母曰："必如此，然后吾心始安。"

四兄补邑弟子，母语余曰："汝兄弟二人，譬犹一体，兄读书有成而弟不逮，岂惟弟有愧色？即兄之心，当亦歉然也。愿汝常念此，努力进修，读书未熟，虽倦不敢息，作文未工，虽钝不敢限，百倍加工，何远不到。"

乙卯，四兄进浙场，文极工，本房取首卷。偶以《中庸》义太凌驾，不得中式。后代巡行文给赏，母语余曰："文可中而不中，是谓之命；倘文犹未工，虽命非命也。尔勉之，第勤修其在己者，得不得勿计也。"

余与二侄同入泮，母曰："今日服衣巾，便是孔门弟子，纤毫有玷，便遗愧儒门。"以是余兢兢自守，不敢失坠。

吾母暇则纺纱，日有常课。吾妻陆氏劝其少息。曰："古人有一日不作一日不食之戒，我辈何人，可无事而食？"故行年八十而服业不休。

远亲旧戚，每来相访，吾母必殷勤接纳，去则周之。贫者必程其所送之礼，加数倍相酬；远者给以舟行路费，委曲周济，惟恐不逮。有胡氏、徐氏二姑，乃陶庄远亲，久已无服，其来尤数，待之尤厚，久留不厌也。刘光浦先生尝语四兄及余曰："众人皆趋势，汝家独怜贫。吾与汝父相交四十余年，每遇佳节，则穷亲满座，此至美之风俗也！汝家后必有闻人，其在尔辈乎！"

（以上男袁衮录）

译文

上

《传》里说，孔子家儿子没挨过骂，曾子家儿子没发过脾气，这是因为他们善于教育。你们祖父不喜欢责罚别人，每次僮仆犯错，应当惩罚时就和你们祖母私下约定："我拿刑杖去，你来挡着我，意思到了就可以。"一辈子没有发脾气责罚仆人，也没有骂过仆人，你们记住。

你们曾祖父菊泉先生（袁颢）告诉过我："我家世代没有做官的，所以历代没有显赫的名声。可是忠信孝友，却世世代代坚守，更让子孙不遗失家法，这就够了。"就算读书，也是为了明白公理大义，见识古人的志趣，如果富贵了那是天命。

说话、写文章、做事、应酬，都需要含蓄才有深味。话说到五分七分就不要再说了，留下言外之意，让人默默体会；做事做到五分七分的样子就可以了。如果到了十分，就如同张弓，太满了弓就会折断。

《礼记》说："吊丧如果没能力资助，就不要问花了多少钱；问候生病的人如果不能给予馈赠，就不要问想要什么；如果不能提供住宿，就不要问别人住哪。"这就是人情世故。所以张载说彼此考虑周到，要从《曲礼》开始学习，此言不虚。你们为人处世，要一一照此延伸，比如见到别人争辩而不能调解，就不要问其原因；见到灾祸不能体恤，就不要问对方有什么苦痛；见到穷困不能救济，就不要问对方缺少什么。

问："天下的事情都重视根本而轻视枝叶。《礼记》中说，天下有道时，行为有枝叶；天下无道时，言辞有枝叶。难道行为也需要枝叶吗？"父亲说："枝叶是从根本中生出来的。国家有道，人们就会务实，所以精神会体现在实际行动中；国家无道，人们就会崇尚虚浮，所以精神就会体现在言辞上。"

（以上由儿子袁衷记录）

宋代儒者教导人，专门以读书为学问，这种做法的弊端在于过于庸俗。近世的王阳明，摒弃宋儒的狭隘，教导人专门从言语、文字之外去寻求学问，这种做法的弊端在于不务实。子路说过"难道非要读书才算学习"，可见孔子门下也曾经以读书作为学习，但一定要有能力下功夫，才能不走错方向。孟子说："做学问的方法没有别的，就是找回迷失的本心罢了。"找回本心是根本，做学问是枝叶。

写文章时，句法、字法都应当有其来由。的确不能不熟读古书，但也不能照抄、刻意模仿。文章必须说理精辟，有千百年都能立得住的见解，也必须能够教化社会风气，而不是没有目的地写，这才算能写文章。如果只是一味浅陋地模仿，自己文章的特点就没有了。

士人的品行分为三等。立志修养道德的为上等，立志追求功业名声的次之，立志求取富贵的为下等。近世人家生孩子，如果禀赋稍微好一些，父母师友就期望他将来能够富贵。孩子有幸有点成就，除了富贵，就不知道什么是功业名声，更不用说道德了。我祖父生了父亲，幼年聪慧过人，我父亲生了我，也不愚笨，都没有学习科举应试的学问，而是学习五经的传统义理。生了你们兄弟，才开始教你们学习参加科举，也并不是只期望你们将来富贵。伊尹、周公的功业，孔子、孟子的学问，都是男子应当追求的事业，能不能得到官位取决于天命，但是否修养品德取决于自己。靠自己就能达到的不要放弃，由命运决定的不要强求。想要身体干净一定要去除污垢，想要疾病痊愈一定要去医。从前曹植的文章喜欢让人评价缺点，并及时改正，难道只有文章应当这样吗？修养品德、建立功业都应当这样。

符合道理的话，人们未必相信；高尚的行为，大家也可能猜忌。所以真正的宝物往往不容易被相信，卞和才会在荆山下痛哭。

邻居沈家，世代对我们有仇怨。我母亲刚嫁过来时，我们兄弟还小，家里有一株桃树，枝条每次生长到墙外沈家，他们就立马锯掉。我们兄弟看见，跑去告诉母亲，母亲说："这是应该的！我们家的桃树，怎么能越过占用人家的地方呢？"沈家也有一株枣树，枝条长到我们这边院墙，刚结了枣，母亲就唤我们兄弟，告诫说："邻居的枣子，小心不要打掉一个！"还告诫仆人们守护好。到了枣子成熟，母亲再请沈家的女仆到家里摘下，放到盒子里送还。我们家的羊跑到沈家的园子里，他们就抓住立马打死。过几天他们有羊窜墙跑过来，仆人们很高兴，也想抓住，补偿前面被打死的羊。母亲说："不行！"让仆人送还沈家。沈某有病，我父亲过去诊治，还送他药。父亲回来，母亲又派人告诉周边邻居："有病了相互帮衬，是邻里的本分。沈某得病，家里贫穷，我们每家各出五分银子帮帮他。"最后凑了一两三钱五分银子,母亲还单独帮助了一石米。从此沈家忘了前面的仇怨而感激我们的恩义,到现在两家成了姻亲时常往来。古人说,天下没有不能感化的人,确实如此啊!

有一户富裕人家娶媳妇,乘坐大船从南方来,经过我们家门口,风雨大作,船撞到我们家船坊,把船坊撞倒了。邻居们抓住撑船的人,要他们赔偿。我母亲听到后,问:"新娘在船上吗?"回答说:"在船上。"于是派人告谢邻居们说:"人家娶媳妇,是希望吉祥如意,如果在路上赔了钱,新娘的公婆就会觉得不吉利。何况我们家船坊年久失修,本来就要塌了,他们的船在疾风中撞过来,不是他们能控制的,就算了吧。"大家就听从了。

我母亲慈爱我们兄弟,超过自己的亲生孩子。天没冷就想着给我们添衣,还没饿就想着给我们吃的,亲友送来的瓜果吃食,一定会留下给我们吃。我娶了妻子,依然抚爱照顾,和小时候一样。我妻子感动母亲对我的关爱,含泪告诉我说:"就是亲生母亲,也做不到这样吧!"妻子家送来吃的,虽然只是一点点鲜货,也不敢私自品尝,一定要拿去给母亲。有一天,偶然得了一条鳜鱼,妻子亲自烧好,让小仆人胡松端过去送给母亲。胡松却偷吃了。过了半天,妻子见了母亲,问:"鳜鱼好吃吗?"母亲愣了一会儿,说:"味道挺好!"妻子起疑心,回去审问胡松,才知道是胡松偷吃了。又返回去见母亲说:"鳜鱼没有送来却说味道挺好,为什么呢?"母亲笑着说:"你问鳜鱼,那肯定就是让人送来了,我没吃到那肯定是胡松偷吃了。我不想因为一口吃的就使别人显露过错。"母亲就是如此厚道。

(以上由儿子袁襄记录)

下

六朝时期的颜之推，家法最为端正，家风传承最为久远，他写《颜氏家训》谆谆教导子孙崇奉正统教化，遵行学问。宋代的吕蒙正，清晨起床就拜天，祷告说："希望恭敬信奉三宝之人，能生在我家里。"不光是侄孙吕公著成为贤能的宰相，历代子孙吕本中、吕祖谦等，也都是闻名于世的贤士，这是我们应该效仿学习的榜样。

有非分的想法，提无意义的请求，做没有益处的事，不如就此停止。喜欢的东西，不要向人索要；容易犯的错，不要用来禁止别人；难以做到的事情，不要强求他人去做。整日头顶天，却不知道天多高，整日脚踩地，却不知道地多厚，所以小草不会因为雨露让它繁茂而回报，孩子不会因为父母生养他而感恩。有见识的人，都知道回归本源，懂得报答，不会昏庸糊涂的。

俗话说：斛斗太满了，人会刮平；人心太满了，神会刮平。这都是金玉良言。智慧高到懂得世间万物，也要以愚钝之心守护；学问高明于世，也要以质朴之心秉持；品德让众人钦服，也要以谦虚之心待人；不等到自满骄傲，就经常谦退反省，哪怕鬼神也拿我没办法。

见解精深，才能说出有道理的话；修养深厚，才能说出有品德的话。见识浅薄却说大话，修养低下却言辞高深，这些人就是破坏经典和风雅的罪人。

夏天雨后初晴，槐树的阴影下阵阵清凉。父亲让我们兄弟赋诗。我的诗先写成，父亲拍手赞叹。那天刚好有人送来葛布，父亲让范裁缝给我做了件衣服作为奖励，而我母亲并不知情。衣服做好后，我穿着去感谢，母亲才知道缘故，对我说："你哥哥没有穿，你怎么能先穿！并且因为言语文字就能一下子穿上新衣服，把哥哥置于何地！"于是让我脱下衣服收起来，给两个哥哥各做了一件衣服，然后我才能穿。

（以上由儿子袁襄记录）

我父亲从不过问家中生计，凡是买柴米蔬菜，都是我母亲掌管。母亲付钱的时候，都要稍微增加一点。我问原因，母亲说："小老百姓收入微薄，不能亏待他们。每次多给一点，一年也多花不了几个钱。我们自己在其他地方省一省就有了，自己没多少损失，也不亏待他人，我已经这么做了几十年，你们也要坚持，不要改变！"

我小时候挺聪明，母亲让我今后学习参加科举，父亲不同意，说："这个孩子福薄，享受不了俸禄。寿命也可能不长，不如让他学习六德六艺，先做一个好人。医生可以救人，最能够积累德行，等稍微长大，就送他去学医。"我十四岁时，已经能够通读五经，父亲就让我去拜在文徵明先生门下，学习写字作诗。结婚后，父亲给我古代医学经典，让我像读经史一样潜心学习。并且嘱咐我说："从医有八件事必须知道。"

我求教父亲，父亲说："志向要远大而心思要细腻；学问要广博而业务要专精；见识要高远而态度要谦逊；气量要宏大而操守要高洁。要有慈悲恻隐之心，拯救普天下生灵的苦痛，要立下这样的大志。在用药的时候，谨慎小心人命关天，不敢随便下一味药，不敢轻易试一个药方，这就是所谓的小心谨慎。

"上要能观察自然的五运六气变化，下要能观察地上的草木枯荣，中要能观察人的性情变化，学问要极其广博。专业在哪里，就向哪儿学习。要像拿杆子粘鸣蝉，用弓箭射虱子。心无旁骛，这就是专心。穷究医理，修养内心，如同空中朗朗明月，无所不照，看见细微的地方就知道全貌，观察到迹象就知道原因，见识要非常高远。

"还要虚怀若谷平心静气，不抛弃贫贱人家，不嫌弃脏臭污秽，好像病痛在自己身上，耐心地救治，这就是所谓的平心静气。遇到行医的同行，自己会的就分享给他，人家好的就虚心学习，不要计较得失，不分彼此，气量宽宏。病患人家承受苦痛，要深深地体谅，接受报酬，如果是富人家，就收药的本钱，如果是穷人家，一定不能收钱。在病人全家都在痛苦皱眉的时候，怎么能忍心挣钱自肥！千万注意！"

（以上由儿子袁裳记录）

古人说话谨慎，并不只是"非礼勿言"。《中庸》里所说的"庸言"，是符合孝悌忠信的言论，也要谨慎对待。所以千言万语都说对了，不如沉默不语。

小孩子涉世不深，良心还没有丧失，常常存着这样的本心，就具有成为圣人的根本条件。

癸卯年除夕举行家宴，母亲问父亲说："今晚是今年最后一天。人生在世，什么事情都有完结的那一天，每想到此，就感觉离开人世心里凄凉。"父亲说："确实如此！佛家以去世那一天为人生的腊月三十日，也是比喻人生有尽头。要在没有到腊月三十日就做好准备，免得到时候手忙脚乱。"母亲问："如何准备？"父亲说："以收敛心神开始，以见到本性终了。"我那时刚开始学《孟子》，起来应对说："这就是学问之道。"父亲点头认可。

我小时候学写文章，父亲写了"八戒"在稿纸前面，内容是："不许抄袭，不许雷同，不许用浅陋的见解看问题，不许有志得意满的态度，不许在考虑文章的时候想乱七八糟的事，不许用肮脏的念头来比较真理，不许自以为是而不喜欢别人的提议，不许懒惰而不努力。"

"韩愈《符读书城南》一诗，只教孩子获取富贵，有见识的人对此鄙视。我现在教导你要正心诚意，能做到吗？"我回答："能！"父亲问："心思怎样才能端正？"我回答："不偏斜就会端正。"父亲又问："意志如何真诚？"我回答："不虚伪就是真诚。"父亲斥责我说："这都是嘴上说说的虚话，怎么能这样回答师长！必须好好地思考，如何端正，如何真诚，才能做好。"我这才有所醒悟。

诗赋文章有主有次。文章用来说明道理，诗词用来抒发感情。道理就是感情，这是所谓的主导，文字词语，是从属。如果主导非常重要，就是没有从属也能独立存在而意蕴深厚。现在写文章的人，大都有从属而无主导，文辞华丽而烦琐，可是实际的内容空洞无物，文章也就这样罢了。

不要因为饮食伤到脾胃，不要因为纵欲耗损元气，不要因为说话损害现在的福分，不要因为争夺田产祸及子孙，不要因为学术误导天下后世。

（以上由儿子袁表记录）

每逢四季佳节，母亲都要提前酿酒用于祭祀，祭祀之前。不能私自品尝一滴。祭祀时，供品都是诚心准备，祭祀结束后，大家才一起分享。母亲曾经对我说："你父亲七十岁了，每次祭祀都要落泪，因为觉得自己没有好好奉养父母。你年幼失去父亲，想要照顾却无从下手，怎么能在祭祀的时候不尽心呢？"

每当收获时令蔬果，虽然少也一定要先献祭。献祭之前，我们不敢先吃。

四哥喜欢夜里打坐，曾经一直打坐到四更天。我到打更时就睡了，可是喜欢早起。四哥睡时母亲才睡，到我起床母亲也起了，整夜都不能安稳睡一觉，养育儿女的辛苦不忍心说。

二哥移居到东边房屋居住，我和四哥跟着他学习。家童阿多送我们两个到学馆，回来时看见路边蚕豆刚成熟，就采了一些用衣襟兜起来。母亲看到说："这是农民的生计，你怎么能私自采摘！"于是让阿多拿一升米去赔偿。四哥听了就对母亲说："娘虽然给了米，阿多一定不会赔给人家。"母亲说："一定要这样，我才能心安。"

四哥递补上县学生员，母亲对我说："你们兄弟两人，就像一个人一样，哥哥读书有成就，弟弟跟不上岂不是会惭愧？哪怕哥哥心里，也会有歉意。希望你经常想着这一点，努力学习，书没有读透彻，累了也不能休息，文章没有写好，即使愚钝也不能放弃，一次次修改，差距再大也能赶上。"

乙卯年，四哥参加浙江省会试，文章非常出色，本阅卷房列为首位。但因为关于《中庸》的观点太尖锐，没有中榜。后来巡查官员发文奖赏，母亲对我说："文章能不能被看中，这是命；假如文章写得不好，那就不是命了。你要努力，按次第勤奋练习自己该练习的，有没有中榜不要计较。"

我和两个侄子一起入学，母亲说："今天穿衣袍戴头巾，就是孔子门下弟子，弄脏一点，就在孔子面前丢人了。"从此我小心坚持操守，不敢有一点懈怠。

我母亲闲暇就纺纱，每天有定额。我妻子陆氏劝她稍微休息一下。母亲说："古人告诫一天不劳作一天不吃饭。我们算什么人，怎么能无所事事光吃饭呢？"所以即使八十岁的年纪，还操劳不知道休息。

远亲旧友每次来访，母亲一定热情接待，离开时还要接济周到。对贫困亲戚，母亲会衡量他们所送礼物的价值，加倍回礼；对远道而来的亲戚，要给路费，尽量周济，唯恐照顾不周。胡氏和徐氏两位姑姑是陶庄的远亲，是关系很远的亲戚了，来的次数尤其多，母亲招待很厚道，即使她们待的时间长了也不厌烦。刘光浦先生曾经对四哥和我说："别人都趋炎附势，你们家唯独怜惜穷人。我和你父亲交往四十多年，每到佳节，家里总会坐满穷亲戚，这是多好的家风啊！你们家今后一定会出有出名的人才，大概就在你们这一辈吧！"

（以上由儿子袁衮记录）

了凡家训

[明] 袁了凡 著 费勇 编著

编辑 _ 马伯贤　　装帧设计 _ 星野　　主管 _ 应凡
技术编辑 _ 白咏明　　责任印制 _ 刘淼　　出品人 _ 王誉

营销团队 _ 魏洋　成芸姣　曹慧娴　毛婷

鸣谢（排名不分先后）

贺彦军　黄杨健

果麦
www.goldmye.com

以微小的力量推动文明

图书在版编目(CIP)数据

了凡家训 / (明)袁了凡著；费勇编著. -- 昆明：云南人民出版社, 2025.8. -- ISBN 978-7-222-24090-2

Ⅰ.B823.1

中国国家版本馆CIP数据核字第2025Q7E457号

责任编辑：张丽园
责任校对：刘　娟
责任印制：李寒东

了凡家训
LIAOFAN JIAXUN
(明)袁了凡　著　　费勇　编著

出版	云南人民出版社
发行	云南人民出版社
	果麦文化传媒股份有限公司
社址	昆明市环城西路609号
邮编	650034
网址	www.ynpph.com.cn
E-mail	ynrms@sina.com
开本	880mm×1230mm　1/32
印张	5.25
印数	1-22,000
字数	66千
版次	2025年8月第1版第1次印刷
印刷	北京盛通印刷股份有限公司
书号	ISBN 978-7-222-24090-2
定价	45.00元

版权所有 侵权必究

如发现印装质量问题，影响阅读，请联系021-64386496调换。